青少年
气象科普
知识漫谈

Qingshaonian Qixiang Kepu Zhishi Mantan

《气象知识》编辑部 编

难得一见的奇观

Nande Yijian de Qiguan

气象出版社
China Meteorological Press

U0352126

图书在版编目（CIP）数据

难得一见的奇观/《气象知识》编辑部编. —北京：
气象出版社，2012. 12（2017. 1 重印）
（青少年气象科普知识漫谈）
ISBN 978-7-5029-5588-5

Ⅰ．①难…　Ⅱ．①气…　Ⅲ．①气象学 – 青年读物
②气象学 – 少年读物　Ⅳ．①P4-49

中国版本图书馆 CIP 数据核字（2012）第 237140 号

出版发行：气象出版社
地　　址： 北京市海淀区中关村南大街 46 号
邮政编码： 100081
网　　址： http://www.qxcbs.com
E-mail： qxcbs@cma.gov.cn
电　　话： 总编室：010-68407112；发行部：010-68408042
责任编辑： 殷　淼　胡育峰
终　　审： 章澄昌
封面设计： 符　赋
责任技编： 吴庭芳
印　刷　者： 北京京科印刷有限公司
开　　本： 710 mm×1000 mm　1/16
印　　张： 11
字　　数： 133 千字
版　　次： 2013 年 1 月第 1 版
印　　次： 2017 年 1 月第 3 次印刷
定　　价： 19.00 元

本书如存在文字不清、漏印以及缺页、倒页、脱页等，请与本社发行部联系调换

CONTENTS

目 录

动物也知天

古人的气象秘密

怪事不怪

大气与光线的游戏

奇闻解密

奇景解读

动物也知天

话说鸟鸣与天气

◎ 胡启山

　　每当3月风吹绿大地，穿红着彩的小鸟，便在枝头高唱那一首古老而又清新的歌。耳闻宛转动听的燕语莺歌，无不让人感受到春天的亲切和愉悦。

　　然而，你知道吗？气象和物候科技工作者们，从那啾啁鸟语中，还能听出未来的天气变化哩！

　　"子夜杜鹃啼，来日晒干泥。"这句农谚告诉我们，如果杜鹃于深夜鸣叫，它预示着明天将是晴好天气，或表明天气将由冷转暖。

　　喜鹊生性喜明丽、暖和，有"太阳鸟"的雅称。它对天气变化最为敏感。"仰鸣则晴，俯鸣则阴"，这是古文献《禽经》中关于喜鹊对天气变化前以鸣叫为特征的行为表现的记载。清晨，如果喜鹊登门，在门前树上尽情跳跃，叫声欢快而又热烈，表明当日天气晴好；若在树枝间来回蹦跳不安，低头噪叫，则告诉人们风雨欲来。

　　在飞鸟王国，麻雀堪称是有名的"晴雨鸟"，对天气阴晴、冷暖的变化反应也十分敏感。如果于晨曦初露时，成群结队地在窗外欢快而有节奏地"叽叽喳喳"鸣唱，那是告诉人们，今天天气晴好；倘若麻雀活动迟钝，羽毛零乱，叫声"吱—吱"长鸣，则预示天气将由晴转阴或雨。同样，如果麻雀于傍晚提前入窝归巢，并不时地在窝边发出长而缓慢的鸣叫，也预示当晚和明日将会是阴雨天气。

　　画眉也有先知天气晴雨的本领。每当它们嬉戏枝头，对话亲切，表明未来一段时间里晴好无雨；而当它们隐居枝头，行动诡秘无声，或者销声匿迹时，则表明阴雨即至。

乌鸦对天气变化的反应也很敏感，一般在大雨来临前 1~2 天就有异常表现，不时发出高亢的鸣啼。一旦叫声沙哑，便是大雨即将来临的信号。对此，民间有一句精辟的谚语叫："乌鸦沙沙叫，阴雨就会到。"

可见飞鸟对天气变化具有特殊的感应能力，可以通过行为和鸣叫表现出来。

（原载《气象知识》1996 年第 1 期）

天欲雨来豚先知

◎李宣平　姚　远

　　阳春三月，我们来到安徽省铜陵市和悦洲，参观了闻名遐迩的国家级淡水豚自然保护区，一睹江豚风姿。

　　乘船过江。沿着芳草翠绿、杨柳依依的圩堤，一边欣赏金灿灿的油菜花，一边在清澈的夹江水面上寻找江豚的身影。突然一阵哗哗水声打破了平静水面，寻声望去，只见波浪涟漪地方，三头江豚一字排开，不时翘起黑黝黝的肥臀，像奋力拼搏的游泳健将，不时激起浪花朵朵。当我举起镜头聚焦时，几个家伙钻进水中和我们捉起迷藏，不让我们看到它们的娇影。

　　"这些家伙是丑媳妇怕见公婆，想拍到它们相当不容易。"迎接我

江豚

们的自然保护区的郑邦友主任笑着和我们打趣。

"为什么江豚只在安徽铜陵江段活动聚集且头数多？白鳍豚与江豚有什么区别？江豚，是不是像其他动物一样对天气变化非常敏感？"我开门见山，像孩子般好奇地问了许多问题。

郑主任和我们边走边聊，说起保护区内的江豚如数家珍。他说，他二十年前大学毕业便分配到保护区，保护区是他一手建立起来的，不少江豚他是看着它们长大的，像对自己孩子一样了解它们的习性。

 （一）

我们所参观的这个淡水豚自然保护区，处于长江下游安徽境内枞阳县到繁昌县，全长 110 千米，实验区面积 1071 公顷。

保护区是白鳍豚主要栖息地，白鳍豚被誉为"水中大熊猫"，非常珍贵，它是世界上现存五种淡水豚中数量最少的一种，目前不足百头，属国家级一级保护动物，被国际自然资源保护区列为"极危级"，现仅分布在长江中下游干流中。经多年考察，铜陵淡水豚自然保护区是唯一能长年发现白鳍豚的江段。遗憾的是至今没有捕捉到一头。

现在保护区主要工作是保护江豚，它属国家二级保护动物，保护区江段内现有江豚约 250 头，占长江流域的 15%。

江豚老百姓又称"江猪"，从颜色上很好区分出是白鳍豚还是江豚。宋朝孔武仲有一首诗《江豚》诗云："黑者江豚，白者白鳍。状异名殊，同宅大水。"

铜陵淡水豚自然保护区现养护江豚 8 头，大的 50 多千克，小的 15千克，半自然状态下饲养。

为什么在铜陵段江豚多呢？主要和潮汐有关。保护区内处于长江感潮江段与非感潮江段结合部，江河湖泊径流较多。保护区内属于北亚热

带湿润季风气候，气候特点是：雨热同季，四季分明。

江豚饲养区域内水温与长江接近，水质好、无污染。一般不准投放人工饲料，以免水质恶化造成江豚得皮肤病等疾病。

（二）

即将去北京参加世界动物大会的高级工程师于道平，还向我们重点介绍了江豚行为变化与气象的关系。

江豚喂食量多少与温度变化有关。江豚喂食一天 2 次，分别在上午 9 时，下午 2 时。江豚也像海豚一样十分有灵性，能对人的行为产生极强的反应。比如喂食时，饲养员只要用竹竿子拍击水面十多次，江豚闻声后，立马大摇大摆齐聚投料点。

食饵主要是 200 克大小的小鱼，冬季每天投 35 千克小鱼，夏季只要投 10 千克左右。投料多少，根据天气状况，主要依据气温。当气温在 15℃以上时，江中鱼类活动频繁，江豚能够自然捕食。春秋季冷空气过后，气温下降，则饵料量要多些。

江豚能预测暴风雨。江豚的动物行为对天气变化十分敏感。风和日丽时，江豚三三两两悠闲自得地在水中嬉戏，很少离开水面跳跃。

如果发现江豚成群结队地来回在江面上穿梭，不时跃起水面，像海豚表演一样腾空而起，这预示着风暴天气的来临。跳得越高，风雨越大。据观测：江豚第一次跃起后 5～6 小时后定有场雷雨或风暴天气。这是由于天气骤变前，往往气温高，气压低，湿度大，天气闷热，水中缺氧，江豚须跃出水面呼吸新鲜空气。

江豚是哺乳动物，对次声波异常敏感。我们观测发现，江豚与台风活动也有关系。一般台风登陆前江豚有躁动跳跃行为，可能与次声波有关，有待今后观察研究。

皖江一带渔民作业或江边老百姓往往根据江豚异常表现来预测未来天气的变化。其实，江豚行为与天气变化的关系早在宋代便有文字记载。《江豚》诗云："大川平夷，缟素不起。两两出没，矜其颊嘴。若俯若仰，若跃若跪，舟人相语，惊浪将作。俄顷风至，簸山摇岳。"诗中记载的豚类出没行为可供水上作业人员预测天气变化，保护渔民生命财产安全。

（三）

于高工还告诉我们，江豚像其他动物一样，其活动行为均与天气冷暖、风霜雨雪有密切的关系，对此全国各大新闻媒体均作了报道。于高工还表示下一步想与气象部门合作、根据气象预报，加强江豚活动规律的观测。

淡水内江饲养江豚在国内很少，目前长江流域江豚数量不足 2000头，和白鳍豚一样珍贵。也许物以稀为贵吧，所以保护区内新闻不断，以江豚为题材的新闻上中央级媒体不下 10 次，研究江豚的论文在中外杂志上发表 10 多篇。我们这里还是省重点青少年科普基地，每年接待中小学生近万人。2003 年，保护区在半自然环境状态下成功繁殖了一头活泼可爱的小江豚，取名叫"红带"，雌性。这是世界上首次人工管理状态下生长的淡水豚正常繁殖。江豚在人工管理状态下正常繁殖，充分说明半自然状态水域夹江完全适应淡水豚的生长和繁殖。为此，国内各大媒体均作了报道。江豚虽是哺乳动物，但生育过程与其他哺乳动物不一样，小江豚出世是尾巴先出产道，而不是头先出来。于高工解释说，小豚如果头先出来，假如难产的话，小江豚头可能会呛水缺氧死亡，这个结论是否准确还有待于研究。

（原载《气象知识》2004 年第 2 期）

有趣的候鸟

◎ 温克刚

  1948年4月9日，毛泽东和周恩来同志，在山西省五台山台怀镇视察寺庙文物时，从塔院寺后门走出来，毛泽东同志指着对面墙上贴的"劝君莫打三春鸟，子在巢中盼母归"的小标语，面带笑容问地方干部："这是谁贴的?"有人回答："这是和尚贴的。"

  "应广泛宣传!"毛泽东同志满有风趣地说："我们不是从僧人'放生'（指信佛的人，把别人捉住的鸟买来放掉）的立场莫打三春鸟，而是从三春鸟保护林木这点出发。"

  所谓三春鸟，就是指候鸟。候鸟依其迁徙规律，分夏候鸟（如家

迁徙中的候鸟

燕、白鹭等）、冬候鸟（如大雁、水鸭等）和旅鸟（如旅经中日两国的柳莺、翁、沙锥等）三个类型。

家燕是我国分布最广的一种夏候鸟，各地几乎都有它们的踪迹。家燕文名玄鸟、拙燕、越燕。它体态轻捷伶俐，飞速快如流星。每年杨柳吐翠的时候，便从南方飞回北方。您看，那双双家燕，啄泥池边，营巢檐下，一年两次生儿育女，多么繁忙！您再看，成群的家燕，时而横飞天空，时而掠过水面，这是它们在捕捉蚊、蝇等害虫。据有人计算，一对家燕及它们生育的小燕，仅在北方居住的半年，就要吃掉大约 100 万只昆虫。所以，家燕的确是应该保护的益鸟。

杜鹃是另一种夏候鸟。每年初夏，成群的杜鹃鸣着好似"阿公阿婆，割麦插禾"的叫声，飞到我国东部和南方各地，隐身于密林深处，潜心于捕捉毛虫，特别嗜好吃严重危害松林的松毛虫。

人们喜爱燕子，在农村，家家开门纳燕，让它们自由地在自己的屋檐下筑集。人们更爱杜鹃，它是消灭森林害虫本领最大的鸟类。我国一些古代诗人曾写过许多关于杜鹃生活习性和美丽传说的诗篇。"万壑树参天，千山响杜鹃"，就是唐朝诗人王维的名句。

候鸟不仅因为作为害虫的天敌，受到人们的重视，还因为它能准确地预告农时。南宋诗人陆游的《鸟啼》诗就可以说明这一点："野人无历日，鸟啼知四时。二月闻子规，春耕不可迟。三月闻黄鹂，幼妇悯蚕饥。四月鸣布谷，家家蚕上簇。五月鸣雅舅，苗稚厌草茂……"由于动物的这种季节现象，候鸟的活动至今仍是物候观测的一个重要内容。就以家燕来说，南京燕始见的最早日期是 3 月 29 日，最迟日期是 4 月 10 日，平均日期是 4 月 3 日。北京燕始见的日期就要比南京晚，最早日期是 4 月 12 日，最迟日期是 4 月 23 日，平均日期是 4 月 19 日。这完全反映了南京和北京的春季自然历。因此，根据燕子始见的早晚，就可知道各年春季来临的迟早，这对于指导南京和北京地区的农业生产有相当的

作用。更有趣的是南京的燕子始见后，过 32 天布谷鸟始鸣；北京的燕子始见后，也是过 32 天布谷鸟始鸣。燕子和布谷鸟到南京比到北京都是迟 16 天。由此可见，这两种候鸟，春季到南京和到北京是有一定规律的。

候鸟更奇妙的本领是既能识途，又能远行。有的鸟冬去春来，到了春天，它们又准确无误地飞返原地，甚至回到原来的一棵树上去居住。根据候鸟这种迁徙的特性，判断季节的迟早，是有用的。

另外，科学家们还发现鸟类的感觉器官特别灵敏。候鸟在高空飞行时能听到远山的雷雨声，能听到一千千米外的波涛声，甚至能感触到电离层的脉冲声。对此，科学家们正在进一步深入研究。

（原载《气象知识》1982 年第 1 期）

蛇岛—候鸟—气候

◎ 韩玺山

在著名旅游城市大连市旅顺区西北约 7.5 千米的大海中，坐落着一个面积只有 1700 平方米的小岛，这就是闻名中外的蛇岛。

蛇岛悬崖峭壁，雄伟壮观。岛内密林深草、植物繁茂，环境阴凉潮湿。它以栖息着约 2 万余条蝮蛇而得名。1980 年 8 月，国务院将蛇岛、老铁山自然保护区，批准列为国家级自然保护区。

蛇岛是伸入大海中的陆邻孤岛，由于特殊的地理位置，形成了独特的气候。蛇岛年平均气温为 11.0℃，1 月平均气温 –3℃，7 月平均气温 24.0℃，全年极端最高气温为 32.0℃，极端最低气温为 – 18.0℃。全年平均降水量 600 毫米，蒸发量 1500 毫米，全年平均相对湿度 71%，属暖温带湿润季风气候区。岛上温度适宜，光照充沛，雨热同季，为植物生长及动物活动提供了良好条件。

蛇岛呈一长条形，最高处海拔为 216.9 米。该岛海蚀地貌发育。海岸悬崖、海蚀柱、海蚀洞等分布较多。另有小范围的重力堆积形成的倒石堆、碎石堆。

蛇岛植物十分繁茂，植物覆盖率达 70% 以上，仅考察已搜集到的植物就有 57 科 201 种，其中蕨类植物 4 科 4 种，被子植物 53 科 197 种。

蛇岛原称小龙山，以盛产蝮蛇闻名。除蝮蛇外，岛上有鸟类约 70

种，据调查所获的 44 种中，有 26 种是蝮蛇的食物。岛上蝮蛇的饵源还有鼠类，主要是褐家鼠。但到了冬季，鼠也吃蛇。不久前有些刊物报道蛇岛鼠患成灾，大量蝮蛇被吃，蛇岛在告急！但经蛇岛观察站的多次调查，蝮蛇没有减少反而有增加的趋势。蛇岛目前尚有蝮蛇 2 万余条。在世界上只有一种蛇类的岛屿是极为罕见的，形成的原因至今还没有权威的说法。蛇岛是研究海洋岛屿生态系统和蝮蛇生态学的理想基地。蝮蛇全身都是宝，蛇皮、蛇油、蛇肉、蛇毒均可入药。特别是蝮蛇的蛇毒是混合毒，包括神经毒和血循毒。以血循毒为主，其毒强烈，可医治多种疾病，医疗价值很高。用蛇酒治病在我国已有悠久历史。目前蛇岛自然保护区管理处在旅顺已建立了制药厂及医院。

蛇岛为什么能有大量的蝮蛇生长呢？原来蛇岛所处的区域是鸟类南来北往的中途站。每年秋季有大批鸟类从黑龙江的兴安岭、吉林长白山一带向南飞，在蛇岛歇脚，然后飞到温暖的南方越冬。迁移时间各不相同，食虫鸟类都在夜间，大多数猛禽多在白天。如遇北风转南风，则在铁山暂时停留，这正是蝮蛇大饱口福的黄金时节，蛇岛的研究人员曾抓获一条腹内藏有三只鸟的大蝮蛇。每年春季 3—5 月，越冬鸟类又从南方经山东半岛飞越渤海。有的在蛇岛稍作停留，然后再继续沿辽河平原，飞抵吉林、黑龙江及西伯利亚等地营巢筑窝。可见蛇岛的蝮蛇在一年中有两次"改善生活"的机会。

为了发展旅游事业，蛇岛旅游线路已经开通。由旅顺坐游船，约一小时就到达蛇岛。游船先绕岛一周，然后在蛇岛观察站登岛，但提请游客注意可不能随便乱走，作者登岛后没走出 50 米就发现在地面草丛中伏着五条小蛇。一抬头看见在树枝上盘着两条大蛇，吓了我一身冷汗，蛇岛观察站的同志提醒我们不要去碰它，也不要慌，慢慢离开就行。一般蛇不会主动伤人，但如果你惹了它，那就不客气了。各位读者，当你到大连旅游时，可别忘了到蛇岛去观察一番啊！

由于气候变暖，气候带北移，使蛇岛也受到了一定的影响。近几年候鸟数量有减少趋势，这能否影响蝮蛇的生长，正受密切关注。

（原载《气象知识》1993 年第 3 期）

天气预报蝴蝶效应和混沌学

◎ 刘 芝

1960 年，美国著名数学家、气象学家、麻省理工学院教授洛仑兹（E. Lorenz），研究长期天气预报问题时，在计算机上用一组简化模型模拟天气的演变。其本来的意图是利用计算机的高速运算来提高长期天气预报的准确性，但是，事与愿违，多次计算表明，初始条件的极微小差异，均导致计算结果的很大不同。由于气候变化是十分复杂的，所以在预测天气时，输入的初始条件中不可能包括所有的细小的因素（通常的抽象化方法是保留主要因素，忽略次要因素），而这些细小因素却可能对预报结果产生极大的影响，导致错误的结论。由此，洛仑兹认定：尽管拥有高速的计算机和精确的测试数据（温度、风速、气压等），长期的天气预报，仍不可能准确。1963 年，他的重要论文《决定性的非周期流》在《大气科学》杂志上发表，在这篇著名论文中，他首次揭示了"对初始条件的敏感依赖性和系统行为非周期性之间的联系"。

洛仑兹用一种形象的比喻来表达他的科学发现：一只小小的蝴蝶在巴西天空中扇动翅膀，一个月后可能会在美国的德克萨斯州引起一场风暴。这就是著名的"蝴蝶效应"。

洛仑兹的发现，是对确定性理论的重大冲击。确定性理论的始祖是著名科学家牛顿。在牛顿的经典理论中，物体受力情况已知时，只要知道初始条件（初位置和初速度），物体以后的运动就完全确定了。即根据现在的表现，即可预测其未来。由于经典理论在科学技术各个领域得到应用，并取得巨大成功，使得确定论登上了至高无上的宝座，成为凝固的思想模式，许多人认为"世界是一个拧紧了发条的大钟，它准确无误地运行，决不会产生任何意外"。而洛仑兹的发现说明，用确定性理论建立的模型（或系统），它们的行为也会表现为不确定性，无规则而不可预测。这种现象后来被称之为混沌（1975年混沌一词才正式引入科学讨论中）。

"混沌"译自英文（chaos），原意是无序和混乱的状态。自洛仑兹发现混沌现象以来，引起了科学界的广泛注意，物理学家、数学家、气象学家、生理学家、天文学家在各自的研究领域，均发现了混沌现象。例如，1979年，霍姆斯（Holmes）发现振子振动时的不可重复性和不可预报性，即出现了混沌运动。生物学家发现具有生物信息处理功能的脑神经系统，从神经网络到脑电波、脑磁场都存在混沌。在时间序列处理的研究中，发现各种不规则的时间序列数据中，都蕴藏着混沌现象。进一步研究表明，混沌是非线性动力系统的固有特征，是非线性动力系统普遍存在的现象。经典理论能够完美处理的线性系统，即能得到确定性的结论的系统，绝大多数是从非线性系统简化来的（连熟知的单摆也是如此）。因此，从本质说，在现实生活中和工程技术问题中，混沌是无处不在的。那么到底什么是混沌呢？在物理学和力学中，混沌是指发生在确定性系统中的貌似随机的不规则运动。一个用确定理论描述的系统，其行为却表现为不确定性——不可重复，不可预测，这就是混沌行为或混沌现象。

混沌学把这些表面上混乱无序、不确定性的行为和现象作为研究对象，寻找他们的规律，并加以处理和利用。1975年，约克和李天岩（华人）发表了《周期三意味着混沌》，阐明了一维情况下出现混沌的机制；斯梅尔提出了多维情况下产生混沌的机制，并提出了"马蹄映射"。混沌学之父曼得勃罗创立的分形几何学已成为研究混沌的重要工

具，利用这一工具已可解释云朵、涡漩星云、血液循环等自然现象及其结构，找出混沌现象的内在联系。混沌科学已初具规模，并成为世界性热门学科。许多科学家认为混沌具有巨大的研究价值，它是解释目前众多复杂、疑难问题（如大系统的可靠性、天气预报、地震预测）的希望所在。美国《纽约时报》曾把混沌学同相对论、量子论相提并论，誉为20世纪的三大发现。当然，混沌学还是一门年轻的学科，还不成熟，还有许多问题有待科学工作者去研究解决。

（原载《气象知识》1994年第1期）

古人的气象秘密

古文字中有关气象象形文字

◎ 敏 捷

　　按照中国的古老神话传说，气象影响到人类生活，恐怕是自盘古开天辟地的时候就开始了。但是，把天气现象描绘出来，把气象对人类生活的利弊记载下来，则是在盘古之后很久很久才得以实现的。

　　人之初，本无文字。八卦，是人类最早用来描述自然事物的记号，是文字出现之前的记事工具。八卦是以渔猎为主要生产活动的山顶洞人的杰作。在叙述八卦最早的书籍《周易》上说："古者仓羲氏之王天下也，仰则观象于天，俯则观法于地，观鸟兽之文，与地之宜……于是始作八卦，以通神明之德，以类万物之情。"这个氏族是在渔猎活动中观察天象、地文、动物、山川，发现日有昼夜，天有阴晴，风有南北东西……总结出事物都含有阴阳两种矛盾着的方面。于是，就用一长画（▬）表示阳，两短画（▬▬）表示阴，并组成了八个基本卦：乾（☰），象征天；坤（☷），象征地；坎（☵），象征水；震（☳），象征雷；巽（☴），象征风；艮（☶），象征山；离（☲），象征电；兑（☱），象征泽。八卦所象征的八种事物中，雷、电、风就是天气现象，水是受气象影响的，而天、地、山、泽是出现天气现象的场所和人类生活的环境。可惜的是，数千年来，八卦被蒙上很浓厚的迷信色彩，失去了它原有的朴素面目。

　　又经过了一段漫长的年代，文字终于出现了。古有"仓颉造字"之说："仓帝史皇氏名颉……创文字，天为雨粟，鬼为夜哭，龙乃潜藏"(《春秋·元命苞》)。看来，在仓颉公布文字时可能还发生了惊人怪异的天气现象。"鬼为夜哭"，可能就是暴风雨摧残万物而发出的凄厉之声；"雨粟"，或许是暴风或龙卷风从空中将外地之粟卷来；而"龙"则就是虹。古人常把龙、虹两字混用，因为甲骨文的虹就是龙形，出虹的云消散了，不就是"龙乃潜藏"吗？对这些怪异气象的描绘，或许还有说明造字艰难的意思吧！

那么，仓颉所造之字是什么样子呢？目前尚难说清。以前，一般认为我国最早的文字是甲骨文。而近年来，有些专家则认为最古老的汉字是陶文。考古工作者在山东陵阳河新石器时代大汶口文化晚期的一处遗址发掘出一些陶尊，在上面共发现了十几个图像文字。这些文字也与气象有关，它们表现了原始社会末期人们日常生活中接触和认识到的自然现象。它们的结构和甲骨文十分相近，但比甲骨文要早一千多年。

甲骨文是距今三千多年的文字。最早是从河南安阳县西北五里的小屯村北商代殷墟农田里挖出的龟壳、牛肩胛骨及其他动物骨髓化石上发现的。甲骨文中有很多气象名词，如雨，雪、风（凤）、云、虹、霾、蒙（与雨连用表示毛毛雨，与风速连用表示浮尘）、易（阴）、启（雨后云散）、晕等（见图）。

| 风 | 云 | 雨 | 雪 |
| 霾 | 虹 | 蒙 | 雨夹雪 |

有人取 16 种甲骨文集录，把记明月份的甲骨 317 片进行统计，有 107 片是与气象有关的。这 107 片中卜雨的有 93 片，卜晴的有 4 片，卜

雾的有 3 片，卜暴风雨的有 5 片，卜雪和雹的各 1 片。甲骨文的用处是占卜，其中卜问天气的卜词很多，这就反映了当时人们对天气预报的迫切要求。甲骨文中就有"帝令雨足年？帝令雨弗其足年？"等卜辞。而且，还出现了预测未来十天天气的"卜旬"，并把十天的天气实况刻在甲骨上。如有一片甲骨上的文字意为："癸亥日卜，问未来十天的天气。第二天开始下夜雨，连下三夜。第四天是早晨下雨，第五天傍晚有风雨，第六天清晨天气转晴，第九天有大风"，这可算是世界上最早的天气记录了。

古人说："文以载道。"意即一切科学都必须通过文字才能表达出来。气象科学也不例外。如今我们可以从《诗经》、《春秋》、《古谣谚》等众多的古籍中见到古代的天气谚语、诗歌和气象纪事。在研读这些极为珍贵的古气象科学资料的时候，确应感谢创造了文字并用以记事的古人啊。

（原载《气象知识》1984 年第 1 期）

天坛与古代祭天文化

◎ 曹冀鲁

　　天坛是世界上规模最大的祭天坛庙建筑群，是明清两代帝王祭天祈谷的场所，是中华民族优秀历史文化的象征和世界文化遗产的杰出代表，其建筑布局统一严整，形体庄重简洁，色彩典雅瑰丽，成为我国现存古建筑中的瑰宝。它在地理位置上位于北京老城区东南部，按照古代当时北京城的规模，祭天的郊坛设在国都门外南郊的东南略偏南方向，这是因为古人认为天属阳地为阴，祭天之坛当属阳性，以应"干天"之"丙火"方位之说，象征着古代传统文化思想中的"阳数"天象。

　　人类诞生以来，面对繁星璀璨、斗转星移、日月穿梭、风云雷雨、气象万千的宇宙，渴望揭开自然万物、宇宙天体之谜，"上天"则是人们信奉崇拜的最高神灵。凡是国家民族大事，都要向上天汇报，让上天安排，要祭祀天帝。在封建社会和生产力不发达的古代，天坛建筑的设计思想，原是为迎合封建统治者的需要，宣扬君权神授等封建意识，用来欺骗劳动人民。古代封建帝王把"天"看做万物之主宰，皇帝作为"天子"成了上天的儿子，他"受命于天"来统治人间，

天坛

天坛便是这种政权与神权相结合的产物，成为皇帝对天称臣、顶礼膜拜的地方，给人以神秘奇幻之感受。当然，其祭祀神灵目的是维护封建统治，但也反映了在文化科技不发达的古代，国家和人们追求丰年与幸福生活的美好愿望与寄托。天坛建筑设计之精，构筑之巧，风格之奇，科技应用之妙，在世界古建筑中独树一帜，久负盛誉，是闻名中外的旅游胜地。

天坛始建于明永乐四年到十八年（1406—1420 年）间，与紫禁城同期兴建，起初叫大祀殿，当时祭天祭地都在这里，又叫天地坛。经明嘉靖年间扩建与改建后，增建了皇穹宇和圆丘，并将其改名天坛，而将地坛建在了京城北郊，从此天地分祀。中国历代史书记载祭天是国家大事，500 多年来，有 23 位皇帝带着大臣和盛大的祭天队伍，在天坛举行过隆重的祭天祈谷典礼。按照成规，皇帝每年要两次亲临这里祭天：孟春正月上旬皇帝要亲自于此举行祈谷礼，为百谷求雨，祈祷风调雨顺，五谷丰登。在冬至日要来祭天，拜谢皇天上帝，每次还要以日、月、星辰、风、雨、雷、电诸神以及皇家列祖牌位从祀。此外，遇有皇帝即位，册封皇后、太子等皇家大事，或自然灾害、外房入侵、罪臣反叛等国家重大事件，皇帝或亲自到坛，或派遣亲王代赴坛举行有关告祭仪式。当然如果遇到天气久旱不雨的时候，有时也要在这里临时举行祭祀求雨仪式，祈祷上天降雨，盼望解除旱情。

天坛公园里最著名的建筑当属祈年殿，看到祈年殿就知道到了天坛了。这座三重檐逐层向上收束成伞状的圆形宫殿，金碧彩绘，雄伟壮观，气象肃穆，给人一种拔地擎天的气势。在规模宏大的圆形大殿中央有 4 根"龙井柱"，象征一年四季；中层四周的 12 根柱子象征一年 12 个月；外圈 12 根柱子象征每天 12 个时辰；内外 24 根檐柱代表 24 个节气，总计 28 根擎天柱又象征天上 28 宿。殿内中央设宝座，座前有御案，置有"皇天上帝"的牌位，表现了祈谷丰年的主题思想。祈年殿建筑无论是梁或柱，是斗拱还是藻井，其设计精巧华丽，寓意奇特，造型优美，技艺高超，为世人所惊叹，已经成为北京市的旅游代表建筑标志。

在古代天不只是宇宙星辰，还包括了气象和气候。"天时、地利、人和"在古代就被认为是做好任何一件事的三个必要条件。其中"天时"主要指的是季节、昼夜、天气，而主要又是气象条件。对农业生产来说，天时就是农时，而掌握农时是农业生产的先决条件，历来被人们所依赖和重视。而祭天活动作为皇家成规，在史书记载极多。古代盖天说"天圆如张盖、地方如棋局"（《晋书天文志》），认为天圆像张开的伞，地方像棋盘，日月星辰都在其中变化复始。天坛建筑各具特色，极富哲理和象征意义，集中表现出"天为阳、地为阴""天圆地方""天人感应""天人合一"等中国古人对"天"的理解。例如祈年殿，皇穹宇、圆丘坛三大主体古建筑俱为圆形，象征天圆。各主要殿顶一色蓝琉璃瓦，在色彩上具有寓意，象征蓝色青天。内外两道坛墙围成内坛与外坛。内坛北部是孟春祈谷的祈谷坛，南部是冬至大祀的圆丘坛，两坛由一条长 360 米、宽 30 米的砖石甬道丹陛桥相连，内坛西侧建有斋宫，外坛西有神乐署等建筑。斋宫是皇帝举行祭天大典前进行斋戒的场所，皇帝在祭天前，需在这里斋戒沐浴，不食肉荤，不饮酒，住宿在斋宫里，以示对上天虔诚。天坛祭天时，还要以"风后""雨师""雷神""星宿"等诸神灵牌位来配祀。

公园内南侧的圆丘坛建于明朝嘉靖九年（1530 年），每年冬至在圆丘上举行"祀天大典"，俗称"祭天台"。它最初是一座蓝色琉璃圆台，清乾隆十四年（1749 年）扩建圆丘，坛制不变，将蓝琉璃改为汉白玉栏板、艾青石台面。坛分三层，每层九个台阶，从各层台面到登坛石阶，石栏板和望柱等数目均采取九或九的倍数，以象征"九重天"之天数。在圆丘中央"天心石"周边铺设了九圈石枚，是最大的阳性数字"九"，从中心向外第二环 18 块，到第九环 81 块，通过对"九"字

的反复应用，以强调天的至高无上的地位，体现了古代人们对天和自然的尊崇敬畏之情。站在圆丘高坛上，四野开阔，人们似乎手可触天，脚可离地，仿佛在天上行走，充分体现了建筑艺术的无限魅力。

天坛占地273公顷，比故宫还大四倍，全园目前绿化覆盖率达89%，百年以上的古树有3500多棵，青草碧绿，古柏森森，被称为"北京城市的绿肺"，对清洁城区空气有着重要作用。天坛的广阔绿地在过去象征着苍天的广袤无际，如今每天都有很多市民来到这里晨练，呼吸新鲜空气，强健身体。近年来天坛公园内各建筑中的祭祀礼器、金银器、乐器等陈设均恢复了原貌，吸引着无数国内外游人观光旅游，吸取历史文化知识。每逢春节期间天坛均举办"祭天"表演等盛大文化活动，为人们的节日生活增添色彩，为游览增加情趣。

历史是传承的，今天的文化是数千年的积淀。作为中国祭天文化的物质载体，天坛积淀了深厚的文化内涵，涉及历史、政治、哲学、天文、气象、历法、建筑、园林、伦理、绘画、音乐等诸多领域，是中国文化的集大成者，以其宏伟的古典建筑景观，古朴神圣的祭坛实物和深厚的民族文化内涵吸引着成千上万的中外游客前来游览和体验。特别是2003年8月3日，世界瞩目的北京2008年奥运会会徽发布仪式选在天坛祈年殿前广场举行，中华民族五千年的灿烂传统文化与现代奥林匹克精神在这里汇聚，交相辉映。世界的目光在这里聚集，各家媒体争先报道，对世人了解北京，宣传北京奥运会起到了推动作用，天坛见证了这一激动人心的光荣时刻，天作人和，天坛功不可没。今后，它必将在首都的许多重大活动中发挥出自身的象征和感召作用。

此外，天坛的回音壁、三音石等都利用了声学建筑原理，"人间私语、天若闻雷"，它们的神奇早已蜚声海内外，古代工匠们高超的物理数学计算知识在天坛得到了充分验证，其科技文明和艺术领域的声学奥秘吸引着人们去欣赏与考证。祭天早已成为历史，当我们透过祭天活动和悠久的历史文化现象，抹去它的神秘色彩，就会为我们祖先伟大的创造才能和智慧所折服，古老的天坛就是一座承载中华民族优秀历史文化的丰碑，永远是中国人民的自豪和骄傲。

（原载《气象知识》2004 年第 2 期）

西湖楹联中的晴晴雨雨

◎ 陈秀宝

中国的楹联可以说是一种综合艺术，堪称文苑中的奇葩。到过杭州的人都盛赞"西湖天下景"亭上的那副楹联："水水山山处处明明秀秀；晴晴雨雨时时好好奇奇。"此联作者是甘肃临洮人黄文中，道出了西湖景色，无论是晴天还是雨天，都是那么明秀，那么奇丽。行家说，此联属联中珍品，非同一般，除供顺读，还有多种读法，读法不同，意趣各异。

有人说，此联用的是诗律中的"连珠对"，既可顺读又可倒诵："秀秀明明处处山山水水；奇奇好好时时雨雨晴晴。"这样，上联突出了西湖秀丽的地理风光，下联则反映出西湖多变的天气特点。真可谓"天""地"一对，读来妙趣横生。

还可通过中间的停顿，突出联中的"秀"与"奇"。读成"水水山山处处明，明秀秀；晴晴雨雨时时好，好奇奇。"这"秀"来自绿水青山的特定环境，这"奇"出自晴雨交替的变幻天气。读罢佳联，使人感到西湖景色更加"秀上秀""奇中奇"了。

还有一种读法更妙："水水山山，处处，明明秀秀；晴晴雨雨，时时，好好奇奇。"这上联前句看去平淡，但中间用"处处"两字一转，后面衬上"明明秀秀"，就把西湖山水（空间）景色点活了；下联前句听来普通，但在"时时"后面加上"好好奇奇"，便把西湖四季（时间）景致写绝了。难怪有人赞叹"杭州西湖风景，无处不宜人，无时不醉人"了。

还有人说此联用的是"踩花格",读时要像脚踩花步,循环反复。即读成:"水处明,山处秀,水山处处明秀;晴时好,雨时奇,晴雨时时好奇。"照此读法,概括了西湖"水明、山秀、晴好、雨奇"的独特景色,且在句末分别用"水山处处明秀"、"晴雨时时好奇"加以强调,较之顺读更觉神思飞扬,回味无穷。

一副楹联引出如此种种读法,足见作者深厚的文学功底和对当地天气特征的了解。

(原载《气象知识》1996 年第 1 期)

迷宫般的地下渠道——坎儿井

◎ 陈昌毓

在吐鲁番盆地山前一望无垠的戈壁滩上，人们常常能看到一排排摆得整齐的土堆，那便是维吾尔族人称为"坎儿井"的暗渠和竖井分布区。

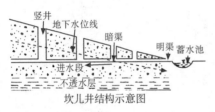

坎儿井结构示意图

坎儿井由地下的暗渠和地面上的竖井、明渠、蓄水池所组成（见图）。竖井是开挖地下暗渠的通道，起定向、出土、清淤和通风的作用，其间距一般下游为20米左右，上游为30～70米；其深度下游为2～3米，上游大多是60～70米，最深的超过90米。暗渠与地下水流向成斜交，上游下挖至地下含水层中，渗溢出来的地下水顺着暗渠纵坡流出地表面。明渠将暗渠流出的地下水引入蓄水池。蓄水池起调蓄灌溉水量的作用。

建造坎儿井必须具备以下两个条件：一是山前平原要有深厚的含水层和丰富的地下水补给；二是山前平原坡降较大，以利于暗渠引水。吐鲁番盆地的西面和北面的天山有较丰富的降水（年降水量一般400～500毫米）和冰雪融水，大部分渗透到山前深厚的第四纪洪积和冲积层中，组成广阔的含水层；另外，从天山脚下到艾丁湖水平距离约60千米，相对高差1400米左右，山前平原坡降较大。足见吐鲁番盆地具有建造坎儿井的良好水文地质条件。

新疆坎儿井主要集中分布于吐鲁番盆地，其次分布在哈密盆地，此外，奇台、阜康、库车、皮山、喀什等地也有少量分布。始建于西汉时期（2000多年前）的坎儿井，发展延续至20世纪50年代，全疆共有2000多条，其中吐鲁番盆地多达1300多条，总长度在3000千米以上。

坎儿井是干热气候的产物

吐鲁番盆地四面环山，西北部高，东南部低，大部分地区低于海平面（艾丁湖海拔高度在海平面以下154米），是一个面积相当大的向阳倾斜坡，其下垫面多为荒原戈壁，使得盆地吸热快，增温迅速，而散热却不易，是我国夏季最炎热的地方，素有"火洲"之称。

吐鲁番盆地日照时间长，太阳辐射强，夏季平均长达152天，日最高气温≥35℃和≥40℃的日数分别为100天和39天；6—8月的月平均气温>39℃，极端最高气温曾达47.7℃。这样的高温还远不是吐鲁番盆地最高的，尚出现过3次比气象站更高的极值：1944年7月12日吐鲁番测候所记录到48.1℃，1975年7月13日在艾丁湖乡曾观测到48.3℃，1965年7月25日在低于海平面80米的民航机场气象站曾出现过48.9℃。

大气并不大量直接接收太阳的短波辐射热。吐鲁番盆地的特高气温，完全是滚烫的地面把长波辐射热源上输到空气中形成的，因此，其地面温度比气温高得多。气象站测得的地面极端最高温度为74.6℃；更有甚者，1974年7月14日下午4时半，从吐鲁番县五星乡卫星村附近流沙地上测得沙表最高温度竟达82.3℃，据说1975年还曾测得87℃的极高沙表温度。夏季如此之高温，当地民间流传的"埋沙熟鸡蛋"之说并非夸张，1966年夏季，吐鲁番气象站科技人员在其附近沙堆阳

面试验的结果证实了这一说法。人们在这种环境下生活会经常感到口渴，1~2小时不喝水，嘴唇就干裂了。

吐鲁番盆地深居大陆腹地，距海洋遥远，降水非常稀少，大部分地区年降水量在20毫米以下，盆地中的托克逊甚至只有6.3毫米，是我国降水量最少的地方。因此，这个盆地空气极其干燥，夏季月平均相对湿度只有30%左右，最小相对湿度为0%的情况也是屡见不鲜的，致使其蒸发特别强烈，降雨往往还没有落到地面就蒸发掉了，年蒸发量高达3000~10000毫米，生长季节农田蒸散量也在1000毫米以上。这种强烈反差，更为炎热创造了条件。

吐鲁番盆地如此恶劣的气候生态条件，如果不对其自然环境进行重大的改造，是不可能生长林草和农作物的，人们也很难生活下去。2000多年来，吐鲁番盆地历代劳动人民为了生存，利用具有开凿地下灌溉系统的良好水文地质条件，以顽强的毅力，持续不断地建造并完善坎儿井，现今已建成迷宫般巧夺天工的庞大地下灌溉系统，每年把大量的山水输送到盆地中部。如果山水经过沙漠戈壁表面的明渠流过，大部分水分就会蒸发掉，但在地下暗渠中流淌，由于受到深厚的沙砾层隔热保护，水分极少蒸发。较好的灌溉条件，使吐鲁番盆地这个荒漠化程度极高的"火洲"，变成了举世闻名的比较稳定的"火热绿洲"。

火热绿洲的农业兴旺发达

吐鲁番盆地坎儿井是劳动人民改造自然、开发利用水资源的伟大创举。2000多年来，这个盆地由于得益于坎儿井的灌溉，尽管夏季存在着灼热干燥的气候条件，却一直欣欣向荣。古代通过"丝绸之路"往返于我国中原与中亚、欧洲各国的骆驼队和马帮，都要云集在这里补充需用物资并进行贸易，使这里成为"丝绸之路"上极重要的贸易和文化交流之地。

新中国成立以后，吐鲁番盆地又修建了 10 多条地下渠道，并用混凝土管道加固，加上又发展了一些地面渠道引水和机井提水灌溉，从而进一步改善了农业水利条件。特别是近 20 年来，大规模开展了持续不断的植树造林活动，在棉田、葡萄园和粮田周围营造起白杨、榆树、枣椰树和桑树等树种组成的农田防护林，大大改善了农田气候生态条件。如今，吐鲁番盆地的人民充分利用丰富的热量，光能资源和较好的灌溉条件，促使农作物一年两熟，生产出我国品质最好、远销国内外的长绒棉、甜瓜和无核葡萄。

（原载《气象知识》1993 年第 1 期）

通向地球过去的时空隧道

◎ 李如彬

全球变暖这个词人们都很熟悉，其后果在人们的印象里也很可怕，比如让人难以忍受的高温热浪会很多，极端低温的可能性也会加大，一些岛国和沿海的城市会被淹没，传染疾病更容易流行，如此等等，世界将变得越来越不利于人类的居住。社会各个阶层都卷入了全球变暖的旋涡之中，其中科学界最为理智，大量的科学家介入这个领域的研究，他们不但关注现在的地球环境，还把目光投入过去，看看以前地球的景象是个什么样子，以便更加准确地预测地球的未来。对地球历史的探索非常有趣，解开地球历史上的某个谜是一个很适合科学家做的工作。我们看来很平常的东西，比如一棵古树、一崖黄土、湖底淤积的泥巴都会成为通向过去的时空隧道，科学家据此可以回到地球的从前。

树木年轮

在锯断的树干面上，我们都能看到一圈圈的纹理，家具工匠常常利用这些天然纹理来装饰家具的表面，这就是树木年轮。树木从它的生长环境中吸收养分和能量慢慢长大。一年之中，春、夏季的温度适宜，阳光、水分也充足，宜于植物的生长，这个时期生长的细胞腔大壁薄，排列较疏松，颜色比较浅；秋、冬间气候干燥转冷，树木生长减缓，这个时期生长的细胞狭窄壁厚，颜色变深，寒冬来临后，树木枝枯叶落，处于休眠状态。因此，一年之中，春夏期间长成的颜色浅而宽的一圈和秋冬期间长成的颜色深而窄的一圈共同形成当年的年轮（图1橡树年轮的显微照片，图2红松的年轮）。树木的生长除了受到气温、降水、土壤和地形等自然环境的影响外，人为因素造成的环境污染也对树木的生长产生影响。因此，树木年轮也是环境变化的记录计，通过对年轮宽度、年轮结构和年轮中元素浓度的分析，可以推测过去的环境变化。

图1　橡树年轮的显微照片

图2　红松的年轮

20 世纪初，美国著名科学家道格拉斯（A. E. Douglass）开创了树木年轮研究。随后，各国科学家相继开展了这项研究，取得了相当出色的成果。运用考古资料，世界上最长的树木年轮年表已经突破了万年界限，不仅为人类了解过去全球环境变化提供了极好的手段，而且为 C^{14} 定年提供了校正曲线。我国科学家在青海采集了 240 多棵祁连圆柏树芯及 10 棵古树圆盘样品，通过对它们的年轮宽度进行测量，再与活树样品的年轮宽度序列进行交叉对比，发现时间最早的年轮可追溯到公元前326 年，并建立了公元前 326 年至公元 2000 年的树木年轮序列表。

年轮是树木生长的"年谱"，它不只记录了树木自身的年龄，还记载下环境和气候等综合外界因子对树木生长的影响，如光照、水分、温

度、土壤条件等，还可以记录环境污染及大气成分变化、地震和火山爆发等。规模较大的火山爆发，使大量灰尘和气体进入高层大气，遮住大片阳光，会使温度降到冰点以下，给树内留下一道叫做"霜轮"的特殊标记，而地震则会给树造成损害，使树在以后的一些年中产生较薄的年轮。

湖泊沉积

在湖泊长期演化的过程中，水体之下的"淤泥"越沉越多。沉积物的来源、理化性质、沉积特征和规律都和当时的自然环境密切相关，湖泊沉积也就成了记录过去地球环境信息的"档案库"。

湖泊沉积中的物质非常丰富，一般通过打钻的方式采集湖泊沉积样品，采集到的湖泊沉积物称为"湖芯"。科学家通常通过湖泊沉积层中的孢粉来推断某个历史时期的气候环境。孢粉是孢子和花粉的统称，它们分别是孢子植物和种子植物的繁殖器官。许多孢粉具有耐氧化、耐高温、耐溶解的质地坚硬的外壁，因此，能够在沉积地层中长期保存下来，特别是在沼泽、泥炭地、湖底等积水的非氧化环境下更易保存。每种植物的孢粉具有显著区别于其他植物孢粉的特征，借助于显微镜分析鉴定技术可以确定沉积物中各种化石孢粉的类型。当年散落空气中的孢粉在落地之前已经充分混合，在一定的区域内形成相对均一的孢粉雨。所以，一个地区的孢粉雨的组成能够反映所在地区的植被组成。根据孢粉的组成及其随时间的变化，可以推断植被在时间和空间上的演化过程及环境的变化，比如云杉、冷杉的孢粉组合就可以代表寒温带针叶林气候环境。

另外，通过对沉积物颗粒大小的分析可以推断多雨期与少雨期。因为气候变干时期湖水水位降低，沉积物的颗粒大，气候湿润时期，湖水水位上涨，沉积物的颗粒小；沉积物里也有微体动物的化石，通过分析研究可以推断历史时期湖水的温度和盐度；有些湖芯具有明暗相间的纹理，由一年当中不同的气温、降水等环境因素形成，这些纹理，记载了季节性的环境变化信息，具有很高的时间分辨率。

冰芯

地球的南极、北极地区和海拔比较高的山上，终年寒冷，这些地方的降雪不会自然融化，降落的雪花会慢慢变成粒雪，随着时间的推移，粒雪越来越硬，大大小小的粒雪相互挤压，紧密地镶嵌在一起，其间的孔隙不断缩小，以致消失，雪层的亮度和透明度逐渐减弱，一些空气也被封闭在里面，这样就形成了冰川冰。冰川冰最初形成时是乳白色的，经过漫长的岁月，冰川冰变得更加致密坚硬，里面的气泡也逐渐减少，慢慢地变成晶莹透彻、带有蓝色的水晶一样的老冰川冰。在南极，平均冰层厚度大约1700米，最厚的地方超过4000米。地球历史上的许多秘密就藏在这些冰层里。

冰芯里含有远古时期的空气泡，封存在这里的空气可以告诉我们当时大气的成分，特别像二氧化碳、甲烷这样的温室气体在远古的大气中占的分量。比如参与"欧洲南极冰芯分析"项目的瑞士、法国和德国科学家在南极东部采集到的一块冰芯，含有距今65万年前的气泡样本。法国科学家在南极钻取的冰芯里面，了解到了过去42万年以来地球大气中二氧化碳浓度的变化情况，发现现在大气中的二氧化碳浓度是42万年以来最高的。

地球历史上的火山喷发信息也可以从冰芯里获取。多数火山喷发以

强酸（主要是硫酸）的形式在冰芯中留下痕迹，通过冰芯连续电导率或各个雪冰样品酸性的测定能够推测历史上的火山喷发情况。一般来说，低纬度火山喷发的影响范围可以波及全球，而中高纬度火山喷发的影响范围一般不会跨越赤道影响到另一个半球，但是如果中高纬度的火山喷发特别强，喷发物质可以通过高层大气流动影响到全球范围。冰芯记录的火山活动不仅真实可靠而且全面，比如格陵兰冰芯记录推断的近2000年以来的69次火山喷发情况，85%与文献记录的火山喷发相吻合。

所有在大气中循环的物质都会随大气环流抵达冰川上空，并沉降在冰雪表面，最终形成冰芯记录。冰芯中氢、氧同位素比率是度量气温高低的指标；净积累速率是降水量大小的指标；冰芯气泡中的气体成分和含量可以揭示大气成分的演化历史；宇宙成因的同位素可以提供宇宙射线强度变化、太阳活动和地磁场强度变化的证据；冰芯中微粒含量和各种化学物质成分的分析结果，可以提供不同时期大气气溶胶、沙漠演化、植被演替、生物活动、大气环流强度、火山活动等信息；同时，冰芯也记录了人类活动对气候环境的影响和各种信息，比如格陵兰冰芯记录表明，古希腊和古罗马时期铜含量明显增加，这与罗马帝国因为制造军备器械和钱币等对于铜合金的大量使用有关。

 黄土

黄土高原北起长城，南达秦岭，西抵祁连山，东至太行山，横跨陕西、山西等六个省区，总面积达58万平方千米，是世界上黄土分布最广阔、最深厚、也最典型的黄土地貌区。在黄河中游地区，黄土堆积面积达44万平方千米。黄土高原和黄河是中华民族悠久历史文化形成和发展的基础，科学家也在这里深厚的黄土地层中发现了地球过去的秘密。

剖开厚厚的黄土，可以看到颜色不同的条带，这些颜色不同的地层的形成与当时的气候环境密切相关。

气候干冷时期，西北风强盛，西北沙漠扩张，尘暴十分频繁，风尘堆积加速，地表普遍形成黄土层；气候温暖湿润的年代，西北沙漠缩小，尘暴很少发生，风尘堆积非常缓慢，地表发生强烈的生物风化成壤作用，在不同地带形成棕壤、褐土等肥沃土壤。古气候的温暖湿润程度决定了磁性矿物生成量的多少和大小，温暖湿润的时期，磁性矿物生成量多、颗粒小。在黄土沉积中，土层颗粒的大小与气候也有密切的关系，冬季风较强的时期，黄土中的粗颗粒含量增多。另外，黄土中的生物化石比如啮齿类化石、孢子花粉、陆生蜗牛化石等的分布，也和当时的气候环境相关。科学家通过分析土层里的这些秘密，先是建立了250万年来的古气候记录，之后又向前推到600万至800万年，近几年又追溯到2200万年前。

（原载《气象知识》2007年第4期）

雅典的古风塔

◎ 王友恒 编译

在希腊的雅典，有许多罗马时代的早期建筑，其中有一座钟楼，通常人们叫它风塔。通过它可了解当地的风向和时间。

风塔建于公元前一世纪，已有两千多年的历史，是一座高 12.8 米，直径 7.9 米的八角形的大理石建筑。在它的东北面和西北面，各有一个门廊，每个门廊有两个古希腊城廓式的圆柱。风塔的八个面，对应着八个方位，在不同方位上分别以男人浮雕的形象、衣着和装饰物，表征当地风的一般特征。

表征会带来寒冷和暴风雪的北风，在这个方位的浮雕，是一位有胡须的老人，穿着厚厚保暖的服装，手中拿着海螺壳放在嘴边，示意北风劲吹时的声响。

东北风会带来多云阴冷天气，有时会下雪，有时还会有雷暴雨和冰雹。在雅典除 4—6 月以外的其他月份，一般盛行东北风。面对这个方位的浮雕，是一位穿着很好的衣服、挽着袖子、露着手臂的老人，手持盛着冰雹的盾牌，盾牌倾斜着好像随时准备把冰雹散向大地。

东风是人们特别喜欢的，伴随着它常有小阵雨，因此，它是植物的好朋友。浮雕上是一位健美的年轻人，手臂上挂满了水果、谷物和蔬菜，象征着东风带来的丰收。

表现东南风的浮雕的，是一位身披斗篷，穿着一件紧身短上衣、空着手的老人。在雅典，伴随这种风常有大量阵雨，一般是一种潮湿而又多风暴的天气。

描绘闷热又非常潮湿的南风的，是一位穿着薄薄外衣的年轻人。带着一个刚刚倒空的水坛子，可能表示刚刚洗过冷水澡。

塔西南面的雕像，明显的是代表盛行的海风。雅典的海风，通常来自西南边。雕像是一位露着腿、赤着脚的年轻人，手中拿着一只古代的船只模型。晚上，这种风有利于船只进入比雷埃夫斯港。然而，有时候西南风又好像是一种强风，即像有名的西罗科风①，在它盛行时，会引起水手们的恐慌。

描绘西风是用一位漂亮的青年，它仅仅披着敞开的斗篷，下摆上缀满花朵。在古希腊史诗中，对这种风的说法不一，荷马在《伊里亚特》中说它是强烈的风暴，而在《奥德赛》中却说它是柔和的风，可促进航海事业的发展和水果的成熟。

雅典的西北风是干燥的，冬季会带来冷空气，夏季则带来干燥的热空气和闪电。所以，无论哪个季节，它是一个令人讨厌、烦恼，不受欢迎的来客。在风塔上，描绘它是用穿着保暖衣服的老人，手中拿着一个瓶子，又好像是个黄铜制的火罐，用它来象征干燥，老人在撒火罐里的灰和燃烧着的煤。

---

①西罗科风（Siroco）：一种来自撒哈拉经北非、意大利南部的干热南风或东南风。

在风塔的顶上，最初装着一个半人半鱼的青铜风向标，可在其轴上自由转动。人们通过塔上风向标指示的风向和塔四周对应的浮雕，就可以知道这种风的特征。

该建筑之所以又叫钟楼，是因为它能表示和测定时间。白天，当有阳光时，分别用刻在八面大理石墙上的日晷（音轨）指示时间。至今还能看得见这些日晷的形状。晷是古代的一种测时仪器，由晷盘和晷针组成，晷盘是一个有刻度的盘，其中安装有一根与晷盘垂直的晷针。针影随太阳运动移动，刻度盘上的不同位置表示不同的时刻。在晚上或阴天时，则用楼内的一种水钟（即漏壶）计时。这种仪器是一个装满水的特殊花瓶，水通过一个小孔缓慢而又不断地流出。在漏壶上刻着时间刻度，当水面慢慢降低，从对应的刻度上就可知道时辰。最初使用的漏壶，是由古代雅典法院发明的。如今，在塔内的地板中央，还能看见这种漏壶的痕迹。

注：风塔的图案，至今仍作为英国皇家气象学会的会标。

（原载《气象知识》1987 年第 3 期）

气球古今谈

◎ 张奎林

一提起气球，人们首先就会想到那些五彩缤纷的玩具气球，而这只不过是气球大家族中的一个小成员。在二百年的气球史上，大大小小、千姿百态的科学气球，为人类探索大自然的奥秘做出了巨大的贡献。特别是在大气探测领域，气球至今仍是一种不可缺少的重要工具。

从扑翼飞机谈起

人类自古以来就向往着能够像雄鹰一样展翅飞翔，许多美丽的神话故事，表达了人们的憧憬和夙愿。今天，人类不仅已经能够飞上蓝天，甚至实现了月球登陆、宇宙航行。

你也许以为人类最先是驾驶飞机上天的，实际上，载人气球要比飞机早得多。

给人安上翅膀、模仿鸟类飞行的尝试，可以追溯到很早的古代。15 世纪著名的艺术巨匠达·芬奇，就曾详细地分析过鸟类的身体结构，并设计了使人也能像鸟那样扇动两翼飞上天空的机构。

但是，经历了几个世纪的努力，终未能飞升成功，症结在于，如果按照鸟类翅膀和体重的比例给人设计双翼，单纯靠人的体力是扇不动的。

正当人们热衷于研制扑翼飞机而不得要领的时候，热气球以另一种方式异军突起，首先成功地实现了载人飞升。

1783 年 6 月 4 日，法国人蒙哥菲埃尔兄弟将点燃湿稻草和羊毛产生的热烟灌入他们的热气球，一举飞升成功。这只热气球实际上是个大型纸口袋，体积大约 750 立方米。

三个月后的 9 月 19 日，他们又放了一只热气球，国王路易十六亲临观看，场面十分壮观。这一次吊篮中载有山羊，鸡和鸭，这些幸运的动物先于人类领略了巴黎上空的景色。气球飞行了大约十分钟后，安全着陆。

又过了两个月，具有历史意义的第一只载人热气球于 11 月 21 日飞升成功。这只气球直径约 16 米，体积达 3000 立方米。两名乘员飞行了 25 分钟后，安全降落在巴黎郊外。

就在蒙哥菲埃尔兄弟的热气球首次载人飞升成功后的第十天，法国科学家查尔斯乘坐自己的氢气球升上了天空。

查尔斯的气球是用薄绢涂以橡胶制成的，外面套有网子。比起蒙哥菲埃尔兄弟的热飞球，制作上要考究得多。

与同样体积的热气球相比，氢气球具有更大的举力。不过，当时氢元素刚被发现不久，制灌氢气很不容易。为灌满一个气球，要用几百千克铁粉和硫酸进行几个昼夜的化学反应。

查尔斯施放气球获得成功的消息很快传遍欧洲各国。不久，英国、荷兰、葡萄牙等许多国家都竞相放起了气球。欧洲的这股气球热又逐渐波及全世界，就连当时比较保守的日本，也在 1806 年放出了第一只热气球。

这一时期的气球飞升，充满了探险的色彩，高度和距离的纪录不断被刷新。但是，专门为了科学探测而放出的气球并不多。

气球的早期应用

当查尔斯在 1783 年 12 月 1 日乘坐自制的氢气球上升到两千多米的高空时，就已测出了随着高度增加气温逐渐下降的情况。第二年，杰弗里斯首次在英国用气球对大气进行了研究。

由于受当时的基本气象仪器和气球飞升高度的限制，尤其是庞大的载人气球也不可能用于经常性的气象观测，所以，这一时期所获成果十分有限。直至 1874 年法国人使用小型气球测风时起，气球才真正开始在大气探测领域里显露身手。

1893 年 3 月 21 日，法国首次施放了用橡胶制成的探空气球，把自记气象仪器带上了 16 千米的高空。随着高度升高，外界的气压逐渐降低，气球便不断膨胀，直到破裂。而后，仪器随降落伞落下。显然，自动记录下来的气象数据要等到找回这只仪器后才能知道，可见当时要及时获得观测数据是多么困难。

无线电技术的发展使探空气球获得了新的生命力。自 1928 年第一个球载无线电探空仪在德国诞生之后，这一无线遥测方式逐步被各国普遍采用，直至今天。无线电波把仪器测得的数据实时地传送至地面，十分方便。

由于气球具有一定的举力，人们自然想到了将其用作运输工具的可能性。第一次世界大战期间用于侦察和救援的飞艇，就是一种带动力装置的特殊气球。后来还出现了用于观光游览和客货运输的飞艇。与当时问世不久的飞机相比，其制造成本和运输费用要低得多，但载重量却可以相当大。当时德国造了一条长达250米的大飞艇，能载运240吨货物和100个人，曾定期飞行在横跨大西洋的航线上。不过，这种飞艇耐受近地面阵风的能力较差，充灌的氢气又容易爆炸，因此，很不安全。德国的一条大飞艇就是在一次降落时因静电放电引起了爆炸而坠毁。对此人们"谈虎色变"，飞艇事业便从此一蹶不振，取而代之的则是迅速发展起来的飞机。

现代气球种种

早在1869年，英国就用系留气球进行低空气象观测了。气球下面悬挂着仪器，系留绳索由绞车收放。目前它仍然是低空探测和大气污染监测的工具之一。

平流层定高气球是一种新型的大气探测气球，球皮由聚乙烯或其他薄膜材料制成，直径一般在3.5米以上。它能在平流层内某个高度上顺着西风带围绕地球飘飞几个月，所携带的观测仪器和无线电发射机靠太阳能电池供电，探测数据可以自动编发电报，信号经卫星中继至地面站。

还有一种与平流层气球相类似的所谓"母球"系统，由一个大型气球在飘飞途中将所携带的多个下投式探空仪，按照一定要求陆续投下。探空仪在随降落伞落下的过程中进行探测并发报，数据由母球接收后，再经卫星中继至地面站。这一系统可以弥补某些地区因常规观测站点的缺少所造成的观测资料不足。

要论气体的体积，最大的要算是循环气球了，小的也有数万立方米，大的达数十万甚至上百万立方米。它能携带较大量的科学仪器。当按照一定的指令，自动打开放气阀放掉一些气体后，气球能够下降；投下一部分压舱物，气球又能上升。这样，根据不同高度的不同风向，可以控制气球在一定的空域内巡游，进行较长时间的连续观测。这种大型气球能以较低费用，完成某些通常要用卫星才能胜任的使命，主要用于对宇宙线、大气电场及微量元素等的观测。

现代气球不仅在对地球大气层的探测中发挥着巨大的作用，还将为金星探测建立功勋。法苏合作的"金星83"计划，在1983年6月用火箭把两只充氢气的金星探测气球送到了金星的大气层中去。气球上携带约30千克的仪器，用于收集有关金星的宝贵资料。这比起放一颗环绕金星的卫星，费用要节省得多。

气球除了用于科学探测之外，在其他领域里也得到了广泛的应用。例如用多个系留气球组成的电视及通信网络，能在一定程度上作为通信卫星的补充且具有投资省、机动性强等优点，不少国家已在使用。又如在英国的许多森林采伐场，用一种能沿缆索移动的气球来运送圆木，这不仅减少了圆木损耗，保护了林区幼树，又可省下修路架桥的费用。

另外，早已销声匿迹而几乎被人们遗忘了的飞艇，近年来大有东山再起之势。为了安全，可以用氦气代替氢气。应用现代技

术设计和制造的飞艇，尽管在速度上仍然比不上飞机，但却经济得多，耗油量少，污染小。不少人认为，飞艇重返天空的时代即将到来。

我们深信，未来的气球定将在更广阔的天地里为人类做出更大的贡献。

（原载《气象知识》1983 年第 2 期）

怪事不怪

飞机上看不见的"抢座者"

◎ 文 青

在炎热的夏天，飞机上往往会出现一些不买票却硬是占据了座位的"不速之客"。他们是谁？怎样抢座？

从两封《读者来信》说起

1981年夏季，西安一带连降暴雨，滚滚的洪水迫使由兰州向东去的铁路运输暂时中断，因而使得兰州民航站有关航线的运输量激增。为了满足旅客和有关部门的需要，民航一再增加航班，但尽管如此，仍有不少旅客买不到机票。这对于有急事要东去的旅客来说，可真是"心急如焚"啊！可是，有些乘上飞机的旅客却发现，直到飞机起飞，飞机上还有一些座位是空着的。为啥不把这些座位的票卖给急需的旅客呢？这不是既耽误旅客的事，又影响国家收入吗？带着这个问题，部分旅客给《人民日报》写了一封题为"旅客为票急红眼，机上座位却空闲"的信，它登在该报1981年11月28日的《读者来信》栏。与此同时，报上还登了被提意见的兰州中川民航机场的"回答"。他们除了表示衷心感谢旅客对民航工作的关心外，也解释了出现上述问题的原因："在炎热的夏季，飞机必须减少载重量才能安全起飞。"这就是说，飞机上那些看来是空着的座位都被看不见，摸不着的"不速之客"——高温占据了。

这里把气温达到或超过标准大气温度15℃就称作高温，它与日常天气预报里所指的达到35℃或其以上的高温含义完全不同。

高温怎样"抢座"

我们知道，绚丽多姿的风筝要想"平步青云"就必须由人们用线拉着它迅速地奔跑，跑得越快、距离越长，它上升得就越快、越高。如果跑得慢、距离短，风筝往往升不起来。即使上升了，那神态就像它既想飞上天，又想留在人间似的，迟迟疑疑欲升又降，弄不好，不是挂卷树梢，就是跌落尘埃。同样，重达上万千克的飞机，也一定要在跑道上经过一段距离的飞速滑行，才会拔地而起、翱翔蓝天。由于对一个机场来说，跑道长度一般是固定的，因此，飞机滑行的速度就成了能否在它到达跑道尽头前产生出足够升力的重要因素。要使飞机迅速滑行，就一定要有功率巨大的发动机作动力。而飞机发动机的"力气"，又是由吸进足够的空气使燃料燃烧后产生的热能转化来的。空气的温度和密度是反比的关系，气温越高，空气密度就越小。高温时，发动机由于只能"吃"进变稀了的空气而降低了功率，使得飞机跑不快，升不起。这时，只有适当减轻它的载重，飞机才能正常地起飞。否则，即使离开了地面，也不能及时上升到安全高度。在这种情况下，如遇到周围有大树、高楼、山坡等障碍物，就有可能发生严重

的飞行事故。

为了保证安全，民航部门根据各机场的海拔高度，跑道长短以及净空条件等。规定了有关飞机在夏季不同温度时的载重量。处于空气本来就比较稀薄的高原机场，受高温影响而减少载量的现象则更为突出。以海拔近 2000 米高的兰州中川民航机场为例：当气温是 16℃时，飞机能载重 56000 千克；当温度升高到 22℃时，就只能载重 54400 千克了；当温度达到 26℃时，载量又减为 53300 千克。也就是说，气温升高 10℃后，飞机载量减少了 2700 千克。如以每位旅客需用 100 千克载量计算的话，"蛮不讲理"的高温不仅使 27 位旅客乘不上飞机，还使民航因此而减少了 2000 多元的收入（按当时兰州—北京航段的国内票价计）。

怎样对付高温的捣乱

人们当然不会听任高温这样地捣乱，经常用来对付它的办法，一种是防守性的，可以称之为"避其锋芒"吧，就是使飞机起飞的时间尽量避开气温最高的时段。另一种则比较具有进攻性，可叫"挫其锐气"，就是在飞机上安装发动机的冷却装置，当需要时，发动机周围善于吸收热量的冷却液就开始"喷水"。对于三叉戟飞机来说，采用这种独特的"反击"行动后，一般可从高温手里夺回 1500 千克左右的载量。

正如摸清敌情将有助于战争胜利一样，在制止高温的捣乱中，准确的天气预报起着重要的作用。它将帮助航空运输部门事先精确计算飞机的载量，合理安排客货运输计划，保证飞行的安全。从而既不致因高估了气温而造成空载，浪费吨位，又不致因低估了气温而出现临起飞前不得不卸下一些货物或动员部分旅客换乘其他飞机的尴尬局面。

随着科学技术的迅速发展，人们将会有更多的方法来有效地制止飞机上看不见的"抢座者"的"不文明"行为。

（原载《气象知识》1983 年第 3 期）

乘风飞去又归来

◎ 赵浬群　熊德信　张伯熙

　　这里要叙述的，不是孙悟空几个跟头翻上南天门的神话，也不是神仙点化使人腾云驾雾的传说，而是一个真实：姚明舫同学被龙卷风卷上天空，乘风飞行后又安然降落。

　　这个故事发生在1979年的4月。

　　在湖南省常德县双桥坪公社一带的丘陵山地，虽是春深时节，可是天气却热得像炎夏到来了一样。

　　17日这一天天气格外闷热，下午五点钟左右，十二岁的姚明舫放学以后，像每天一样，牵着三头大水牛，在离家一里多路的群力水库边放牧，虽然他只穿了一件单衣，还是热得满头大汗。不多一会儿，只见黑压压的一大片乌云，从西北方向铺天盖地滚滚而来，推磨般的雷声在山谷间轰鸣。那乌云越来越低，也越来越近，天色迅速阴沉下来。他披上遮雨的塑料薄膜，刚想把牛赶回家去，狂风夹着老大的雨点，劈头盖脸地砸了下来，紧接着又下起了冰雹。冰雹越来越大，打在明舫和牛的身上，他还以为那是被风吹来的小石头打的呢！突然，从西北方传来了狂风的呼啸声，由远而近，水牛被吓得拼命向水库里跑去。明舫刚要去追，咆哮的大风赶上来了，一股强大的气流，托着他那50多斤重的身体，轻飘飘地离开了地面。他既没有翻跟头，也没有左摇右摆地旋转，而是旱地拔葱似地被狂风卷到了一二十米的高空中，不知不觉地昏了过去。

不知过了多久，他感到头部剧烈地震动了一下，身子像石头一样被重重地摔到了地上，浑身有说不出的疼痛。慢慢地睁开眼睛，可是他什么也看不见……当他再一次清醒过来的时候，发现自己正躺在一棵大油茶树下。定了定神，刚才那可怕的情景又浮现在他的眼前。"爸爸！妈妈！我要回家！"他喊叫着忍不住地大哭起来。老天爷此时收住了冰雹，雨也小多了，只有阵阵风声还在山谷里低低回响，仿佛是在忏悔自己的过错。小明舫挣扎着站了起来，想寻找一条回家的路。

从狂风"雹雨"开始，姚明舫的亲人就一直在惦记着他。时间一分一秒地过了二十多分钟，冰雹停了，大风息了。一家人就分头去寻找明舫的下落。二哥来到水库边，只见三头大水牛全身躲在水里，露出水面的鼻尖上，还顶了一大堆树枝，显得惊恐不安，就是不见明舫的下落。

迷失了方向的小明舫，东奔西走地来到一条小路上。这时，他才知道自己是掉在了一个山沟里，幸好有那一棵高大的油茶树，树枝像伸出来的几十双手似地接住了他，才没有被摔死。这一阵龙卷风过后，遍山的油茶树和松树的树皮，都被暴风冰雹打得精光，有些大树还被连根拔了起来。整个大地上，白雾腾腾，田野上大水滔滔，小路旁边，躺着一只刚被冰雹砸死的大山鸡，明舫也没心思去拾，只顾得边哭边走。当走到一间小房子的屋檐下时，他又冷又饿，过度的惊悸、逐渐明显的伤痛，使他感到疲劳极了，真是再也走不动了，于是，他呆呆地坐下来，心里默默地盼着：爸爸妈妈，你们快来接我呀！

谁知道，这里就是明舫的大嫂家，离他自己家还不到 200 米呢！当大嫂开门来修理房子的时候，才猛然看到明舫竟坐在屋檐下。明舫稀里糊涂回到了家，可是自己还不知道呢！

小明舫乘风飞去又回来了，使人感到稀奇。他在空中越过了两座小山、一口大水塘，飞行了二、三华里的惊险故事，就像神话一样被传开

了。其实，这是一次龙卷风造成的。这次龙卷风为害从石门境内开始，到沅江县为止，途经五县，全程约 150 千米，这在当地是很少见的灾害。

转眼已经过去了三年，小明舫长高了也长壮了，他对那次乘风腾空的经历，仍然记忆犹新。奇异的自然现象，给他留下的印象太深了，所以，他立志努力学习，想在长大以后，重游天空，去探索大自然的秘密。

（原载《气象知识》1981 年第 3 期）

弟弟比哥哥大一岁——日界线趣话

◎ 王安水

　　白雪过生日这天，爸爸送给她一件礼物——小地球仪。那蓝色的海洋和五颜六色的陆块，一下子把白雪吸引住了。接着，爸爸给她讲了一个"弟弟比哥哥大一岁"的故事。

　　"地球每天不停地自西向东旋转，形成昼夜交替现象。东边总是比西边先见到太阳，一天开始的时间来得早，结束的时间也早。比如，日本就比我国每天先见到太阳，当然了，日落也比我国早。东西距离每相差 15 个经度，时间上就相差一小时。""这我明白，地理老师讲过了。但是，有一点我弄不懂，地球是近于圆形的，它上面的'东边'和'西边'怎样确定？新的一天最早到来的地方是哪里呢？"白雪不禁插问道。爸爸指着地球仪说："你看，这条从北极经伦敦到南极的线叫零度经线。从零度经线往东叫东经，共有 180 度；从零度经线往西叫西经，也是 180 度。而东经 180 度线和西经 180 度线是重合在一起的，它既是地球的最东端，也是地球的最西端。1884 年，天文学家规定这条线为'国际日期变更线'，又叫'日界线'。它本来应该是一条经线，但是为了照顾附近国家和地区居民生活方便，所以按照国界而改为略有曲折的线。这条线从北极开始，绕过楚科奇，从捷日涅夫角和阿拉斯加半岛上的威尔斯太子角之间经过白令海峡，然后从阿留申群岛的东端，中途岛，斐济群岛的西端，查塔姆群岛的西端通过，尔后到南极为止。所以地球上最早更换日期的就是紧靠这条线西边的地区，而最后翻掀日历的

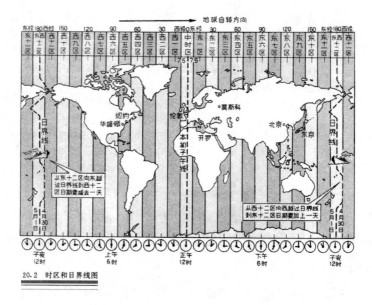

20.2 时区和日界线图

日界线和时区图

则是紧靠这条线东边的地区的人们，因而这条线两侧的日期永远不会相同。""这样一来，世界上各个国家就不能同时过新年啦?"白雪又插了一句。

"你说得对，咱们中国就是第十二个跨进新年的国家。位于日界线西侧的汤加王国，接近东经180度，是全世界最早过上元旦的国家;而紧靠日界线东侧的西萨摩亚国，接近西经180度，则是全世界最后过上元旦的国家。当汤加已是1985年元旦凌晨一点的时候，西萨摩亚才是1984年12月31日凌晨一点。这两个大洋岛国之间，仅是一线之隔，日期却始终差一整天。1985年元旦，在汤加刚满两周岁的一对双胞胎兄弟，如果哥哥被带到西萨摩亚的话，却只能算作一周岁。这样，就出现了弟弟比哥哥大一岁的有趣现象。"白雪简直听得入了神，也顾不上插话了。

爸爸进一步解释说:"目前，国际交往日益频繁，因此，旅行者就有可能连续过两个元旦或是过不上元旦。比如，你在1月1日那天快要结束的时候，乘飞机或轮船从西向东越过日界线，那么，你在日界线东侧就会再庆祝一次元旦；相反，如果你在 12 月 31 日那天深夜，从东向西于 24 时越过日界线，那么，对不起，那里已是 1 月 2 日了，你只好再等一年才能过上元旦"。

白雪摆弄着小地球仪，心想：今年生日过得太有趣了，学到了不少天文地理知识。

（原载《气象知识》1985 年第 4 期）

一"昼夜"竟等于一年

◎ 王奉安

人类居住的地球从诞生以来，就围绕着太阳运转不息，称为地球的公转。地球公转有一个重要的特点，这就是它的自转轴对于公转轨道平面是倾斜的，夹角为 $66°33'$，地球赤道面与公转轨道面的交角为 $90° - 66°33' = 23°27'$。地球就是这样一面自转着，一面又侧着身子公转着，使太阳光照射到地球表面的区域随着时间而变化。于是，地面上产生了昼夜交替、四季更迭的循环。

晨昏线和昼、夜弧

地球近似于一个圆球体，在任何时候，只能有半个球面受到太阳光照射，这半个球面处于白天，称为昼半球；另半个球面处于黑夜，称为夜半球。昼半球和夜半球之间的分界线，称为晨昏线。晨昏线是一个大圆圈，它随着地球的自西向东旋转，而不断地自东向西移动。

假如地球不是倾斜的，而是像图1那样，那么，晨昏线就是一条从北极经过赤道到南极的经线。由图1可以看出，晨昏线与各个纬圈相交，把纬圈分成两段弧：受太阳光照射的一段称为昼弧；未被照射的一段称为夜弧。当地球自西向东自转的时候，昼半球东边区域逐渐进入黑夜，而夜半球东边的区域逐渐进入白天，地球在不停地自转中就形成了昼夜交替的现象，而且不管什么地方的昼弧都等于夜弧，白天和黑夜各长12小时。

可是，前面说过，地轴和公转轨道平面永远保持66°33′的交角（图2）。故有时北半球倾向太阳，有时南半球倾向太阳，太阳光直射地球的位置就随时间而变化。这样，同一个纬度上，昼弧和夜弧就常常不相等。如果昼弧大于夜弧，那么该纬度地方的白天就比黑夜长，反之白天就比黑夜短。

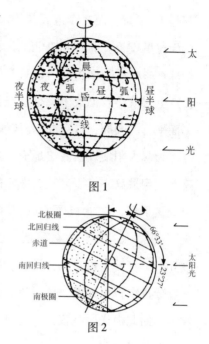

图1

图2

极昼和极夜

随着地球的公转，一年内，太阳光直射点在南北纬23°27′之间来回变动，所以，把南北纬23°27′的纬线，分别称为南北回归线。

每年夏至（6月22日前后），太阳直射北回归线，这里的居民见到太阳在正东升正西落；而在此纬线以北的人们，看到的是太阳在南边，纬度愈向北，太阳的位置愈偏南；在此纬线以南的人们则看到的是太阳在北方，纬度愈向南，太阳位置愈偏北。过了夏至，太阳直射点向南移去；秋分时太阳直射赤道；冬至太阳直射南回归线。过了冬至，太阳直射点又转向北移：春分时太阳又直射赤道。所以，只有在南北回归线之间的区域，才能见到太阳正在中天的景象。

夏至时在最大的纬圈——赤道上，昼弧和夜弧一样长，昼夜平分，

都是 12 小时，而在赤道和北极圈之间地区，则是昼弧比夜弧长，所以白天比黑夜长。北极圈以北地区，由于晨昏线不与纬圈相交（见图2）全部在昼半球范围内，所以只有白天，没有黑夜。如果夏至日你站在北极点上，就会看见太阳总是悬挂在空中，以几乎不变的高度，沿着与地平面平行的圆周，自东向西反时针方向转动。实际上，北极点处，从春分那天起太阳便开始露出地面，天天这样打转，每天升高一点，到夏至这天达到最高。过了夏至，太阳的高度又逐渐下降，到秋分降到地平线上。这半年，在北极不会见到日落，总是白天，这种现象称为"极昼"。极昼长达半年之久，秋分以后，太阳越来越沉入地平线以下，北极开始了漫漫长夜；到冬至，太阳沉到最低位置，以后又慢慢上升，直到春分再次冒出地面。这半年，在北极见不到太阳，总是黑夜，偶有丰富多彩的北极光照亮夜空。这种现象称为"极夜"，所以北极的一"昼夜"竟等于一年！

黄昏和黎明衔接

离开北极圈往南去，就看不到极昼和极夜的现象了。不过，在春分至秋分这段时间内的同一天，总是纬度高的地方白昼时间长，纬度低的地方白昼时间短。例如在夏至这天，黑龙江省的漠河白昼约 17 小时，广东省的海口只有 13 小时 18 分。在赤道上，一年里每天总是昼长 12 小时，夜长 12 小时。在我国东北的北部，纬度 49° 以北的广大地区，可以看到"白夜"的奇异景象。例如夏至那天，北纬 49°14′ 的海拉尔白昼长达 16 小时 12 分。由于大气被晨昏蒙影[①]照亮，更增加了昼长。太

①在日出前和日没后的一段时间内，地面仍能得到高空大气的相当的散射光，使得一天中从黑夜转到白天或从白天转到黑夜不太突然，这就是晨昏蒙影，又叫曙暮光。

阳在地平线下 18°的时候，上层大气还被阳光照着，而那一天的半夜，太阳最低只降到地平线下 17°19′。因此，我们就能见到这样的景象：太阳在下落以后，整个夜晚还没有黑尽的时候，东方又露出鱼肚白，黄昏和黎明衔接在一起了。越往北去，这种景象越是显著；夏至前后，可以看到一连串的白夜。在北纬 66°的地方，例如在瑞典和芬兰的北部，更可以看到"半夜太阳"的奇景。夏至前后几天，太阳向西北方向地平线斜斜地落去，半夜，和地平线相接触后，又斜斜地向东北方向升起，就好像是一只弹性的球，一落到地面，又弹跳了回来。

南半球也有极昼和极夜等现象，但是，出现时间和北半球恰恰相反。

（原载《气象知识》1985 年第 5 期）

嫦娥应悔偷灵药

◎ 张海峰　李瑞生

　　月亮是迷人的。自古以来，多少文人墨客，面对着如水的明月，吟诗填词，感慨系之，"明月几时有，把酒问青天"、"床前明月光，疑是地上霜"。更有那富于幻想之人，给后人留下了几多流传千古的美丽神话传说。"嫦娥奔月"的故事便是其中最优美的一段佳话。

　　难道月亮上真有那么美好？竟使得这位年轻貌美的痴心少妇为奔月而置丈夫于不顾？唐朝诗人李商隐的一句诗"嫦娥应悔偷灵药，碧海青天夜夜心"道出了其中的隐情：让人们羡慕不已的月宫仙子，在偷吃灵药奔月之后竟深深后悔了，这说明在月宫里居住定有不如意之处。过去人们同情她，仅仅是认为"孤居广寒，寂寞无依"。其实，个中的委屈和烦恼，又有几人体谅几人知？

　　古人从月亮洒在地面上的清辉断言，那上面肯定奇冷无比。不然，怎会称之为"冷月"、"广寒"呢？"渚云低暗渡，关月冷相随"（崔涂）。古人没有先进的仪器测试，更没有到过距地球384401千米的月球，对于上面的寒暖，只是一种想象，一种猜测。

　　自从人类发明了天体望远镜，特别是20世纪50年代末苏联发射的宇宙火箭"月球3号"在距月球7900千米外用电视摄像机拍摄下许多珍贵的资料，才初步揭开了蒙在月亮上的这层神秘面纱。60年代末，美国先后发射阿波罗飞船17次，共有6批12人登上月球，实地进行了考察。结果是令人失望的，绝不像人们想象的那么美好，那里没有空气，没有水，没有声音，没有雨露风雪，更没有什么森林花草、鸟兽鱼虫、小白兔和桂花树……

月球，是一个非常非常寂寞的世界。

由于没有大气，所以在它的周围，不会发生光的折射和散射，没有奇妙的曙暮光和晨昏蒙影，看不到斑斓的霞光和千姿百态的云朵，甚至没有蔚蓝色的天空。在那里，白天和夜晚的降临都非常突然。即使是烈日当空，也可以看得到不会闪烁的满天星。能够变化的，只有它表面的温度。经天文学家用天体温度计测量知道，月球上的温度变化之剧是令人吃惊的，向阳面和阴暗面的温差竟达310℃。中午时分，太阳当顶，温度高达127℃，而半夜却降到零下183℃。日出日落时温度比较一致，为零下50℃左右；日落后一个多小时，温度便猛降至最低值。因此，仅仅称之为"冷月"其实是不确切的。

那么，这种温度的剧烈变化是什么原因引起的呢？首先是昼夜较长。月球上的一昼夜，并非如地球一样是24小时，它等于地球上一个朔望月，平均为29.53天。你想，在太阳连续暴晒十几天之后，黑夜又长达半个月，温差怎能不大？其次，是月亮上没有大气。一个星体上会不会有生物，主要看它有没有大气。我们地球有大气层保护，再加上海洋的调节，故昼夜温差变化平缓。而月亮的吸引力小得可怜，根本就不足以保持大气。近年来用光学方法和无线电方法进行的测量结果表明，月亮上即使有空气的话，其密度也小于地球海平面大气密度的百万亿分之一。月亮地壳偶尔也发生爆裂，爆裂时会有大量气体从其内部逸出，由于月亮没能力"笼络"人家，这些气体便很快"义无反顾"地同它"拜拜"了。没有大气的星球，又如何能容得下生物的存在？

月亮于我们地球还有鲜为人知的一面。过去人们门对大自然的繁荣景象，都称赞是太阳之功，万物生长靠太阳。近来科学家们研究指出，生长茂盛的世间万物，也得益于月亮。大家知道，地球磁场是万物生长的保护盾，据美国科学家研究表明，这个保护盾的形成，是月亮影响的结果。当太阳系形成之初，月球受到地球的牵引，在靠近地球时，地球

表面的海洋，出现了强烈的潮汐起伏，这种起伏产生的巨大摩擦力，使地球气温剧增，致使地心熔化，地心的岩浆在高温和高牵引力的作用下，出现旋转式滚动，地球磁场由此产生。地磁的产生，减少了外来的辐射线，使地球上的生灵得以滋生和繁衍。

尽管月光照度不强，但对地球上的植物生长影响仍很大。一些科学家研究发现，发芽不久的种子，在缺少月光照射时，种苗就生长缓慢，特别是向日葵、青豆、玉米等。长期未经月光照射的树木，树干细，木质松，枝叶干枯。当木质纤维受到损害时，阳光照射会使树木产生大疤痕，而月光却像医生一样"轻抚"其伤口，清除死亡组织，加快新细胞增殖，使伤口很快愈合。月亮圆缺对作物生长有着独到的作用。农学家们建议，种植作物，除按季节外，还应按"月相"进行管理，如四季开花的大果实草莓，应避免在新月和满月时栽种、剪枝和采摘，核桃在满月时收获，油脂含量最高，且易于人体的消化吸收。按"月相"种植管理作物，确是一项不增加投资，又增产的有效措施。

有些科学家认为，月亮对天气变化也有影响，这种影响的大小，科学家们正在探索。据记载，我国古代许多大军事家都是根据月亮位置的变化预测天气，指挥打仗的。

月亮上并非一点意思也没有，假如我们到那里去旅行，会发现跳舞、走路格外的轻松，爬山也不费力。遇上数米宽的壕沟挡道，只需轻轻一纵，就可以跳过去。如果在那里举办田径比赛，保证各个运动员都会创造出好成绩。因为月球吸引物体的本领小，只有地球的六分之一，人在月球上，体重要减少六分之五。约重为 60 千克的小伙子，到月球上只剩有 10 千克重，怎会不轻捷如燕、身手非凡呢？

试想，嫦娥仙子怀着那么美好的愿望，抛离丈夫孤孤单单来到月球上，面对严酷的现实如何感想？这里好跳舞，可也不能光靠跳舞过日子吧，何况连个舞伴也没有。时间一长，能不后悔吗？

（原载《气象知识》1994 年第 4 期）

十字架·狮子·狼

◎ 刘兆华

"……伊凡·雷帝用颤抖的手拉开窗帘，他那惊骇的眼睛，注视着远方的天空，由于恐惧，他的脸部变得扭曲。在天空中，在那黑暗的苍穹里悬挂着一个十字架形的天象……沙皇拄着手仗走出前门，惊恐地观望皇后刚告诉他的这一奇景。"这是苏联档案馆里的编年史中一段历史记载。

1532年，在奥地利因斯布鲁克天空，曾出现了喷火的骆驼、血淋淋的宝剑、狼以及火环中的狮子、血迹斑斑的军人盔甲等奇异景象。

更奇怪的是，在俄国编年史中，有些关于天空怪异画面的描绘堪称艺术夸张之典型："那是在1549年，天上月亮被晕包围，在幻月的旁边能看见火红的狮子和将自己胸部撕裂的鹰。随后，又出现熊熊燃烧的城市、骆驼、十字架上的耶稣、两侧站着两个暴徒，接着显然是圣徒的盛大集会，但最后的一幕最为可怕，天空出现了一个高大的男人，样子极其凶恶残暴，手持宝剑，威胁着一个年轻姑娘，姑娘哭着跪在他的脚下，祈求宽恕……其景惨不忍睹。"

实际上，古今中外自称目睹过此类奇景怪象者甚众，且他们常常认为这是灾难降临的不祥之兆。

据说，18世纪时，光学放大仪器还很稀罕。有两位先生奉命用望远镜观测月球并报告各自的观测结果。其中一位是教会执事，他仔细地观察了月球之后，说他看见了一座古老的教堂。而另一位法官先生观察

后反驳说："不，那很可能是围墙高筑、戒备森严的城堡。"显然，两位的观察结果是根据观测者对月象的主观想象而得出的。因为人们的文化教养和信仰不同，他们在观察同一现象时，有可能得出完全不同的结论。

有趣的是，晕所造成的空中幻影，有时也不幸言中，便成了不祥之兆。这是怎么回事呢？

人们知道，编年史的作者通常是宗教人士，他们看见天空出现未曾见过的东西，就对它们做一些荒诞无稽的猜想。并常常代表神向大众宣布：这是上帝的惩罚，这预示着战争、瘟疫、饥饿、洪水……然而，由于世界上战争频繁，瘟疫流行，各种灾害本来就此起彼伏。这些所谓的征兆出现之后，常相继出现一些灾害。于是，人们对天空幻影更加迷信，目击者更惊恐不安。

然而，真正的谜底又是什么呢？其实，它是大气中许多六角形冰晶演出的一种"光学游戏"，在气象学上称之为"晕"的一种自然现象。

空中如有薄云存在，而且这种云主要由六角棱柱状冰晶组成时，由于这些冰晶柱面对日光或月光有折射或反射作用，所以就会在空中形成许多光学现象，在气象学里把这些大气光学现象统称为"晕族"。晕族的成员很多，有22°晕、46°晕、近幻日、远幻日、近幻日环、外切晕、环天顶弧、晕柱等。

"天空幻影"日晕

其中最常见的是 22°晕和 46°晕。它们是围绕大阳的两个圆环,圆环的半径与观测员之间的张角分别为 22°和 46°。我们知道,太阳的白光实际由红、橙、黄、绿、青、蓝、紫七色光组成,而天空中薄云里的冰晶对太阳不同波长的光折射率也稍有不同,因而由冰晶折射形成的围绕太阳的晕环为内红外紫排列的彩色光环。

当冰晶随气流上升或下落,在 22°晕环上会造成左右两个光斑,这就是近幻日(假太阳)。有时也会形成以天顶为圆心、通过太阳的水平光环,称之为近幻日环。它在靠近 22°晕处,除近幻日的光斑外,附近一段的近幻日环也比较强,它与垂直的 22°晕环相交就可能呈现出"十字架"的形状。

近幻日和近幻日环只能在早晚太阳靠近地平线时才能看到,因而这种"十字架"的奇异景象也只有在日出后和日落前才有可能出现。在日到中天时,只可能看到晕环。

晕常见于卷云、卷层云。卷云的出现往往是锋面的前奏,而锋面过境又常常带来风和雨。所以在我国的气象谚语中就有"日晕三更雨,月晕午时风"的说法。

(原载《气象知识》1995 年第 6 期)

瘴 气

◎ 曾培淦

　　桂有瘴，滇、闽等省亦可见，瘴气究竟是什么？众说纷纭、莫衷一是，有的认为瘴气是一种瘟病，有的认为它是南方特有的一种气候现象，更有的认为瘴气不过是吓人的无稽传说。然而，瘴气确实是有的，史诗上对瘴气做过有声有色的描绘，例如唐朝诗人柳宗元在描写柳州一带自然景色的诗中写道："桂岭瘴来云似墨。"清朝陈孚也有"酸烟毒雾山复山"的诗句。那么，瘴气到底是什么呢？

瘴气的特征

　　清朝陆祚蕃在《粤西偶记》中将瘴气描述为："有形者如云霞，如浓雾，无形者或腥风四射，或异香袭人。"即使是眼可辨认的"有形者"，也有"四时岚气，亦有黄沙，白沙之异。"据搜集到的各种征候，瘴气的主要特征是：雾气迷漫，"人物如在云雾中"，"湿热之气，炎炎热热"，顷刻间，"厉风透肌"，"冷风袭人"。人们起居偶有不慎，即染瘴毒，四肢沉困，腰部酸胀，寒热时作，重者暴卒。地方志中记有"人中之暴，则生瘴染霍乱，缓而生咳疟痞胀脚气脾泄都症"，且"六畜多病"。

瘴气的季节性与日变化

据广西《地方志》记载，除广西百色地区外，瘴气在广西出现的季节是 3—10 月。大体上，桂中以北地区以 3—6 月的春夏之间为重；桂南及沿海地区以 4—5 月为重，和桂中相仿；而桂西南的右江河谷两岸的严重期却推迟至 8—10 月的夏秋之际。

瘴气不但有其年变化，而且有明显的日变化，如记载有"每晨黑雾蔽日，冷气逼人"，"发现时多在清晨，笼罩地面，百步以外，竟不见人，俗谓蒙痧"，"岚雾迷漫，虽天晴，必已午二时始见日色"。这些都表明瘴雾多在凌晨至日出前形成，浅薄时日出即消，浓厚时要到近中午方消散。

瘴气的地方性

翻开《地方志》，会见到如下的记述，"深山密林，春夏岚烟四塞，瘴疠时行"，"层峦叠嶂，瘴气易生"，"岭表山川，盘郁气聚，不易疏泄，故多岚雾作瘴"。

可见瘴岚之气都在山岭层叠、林密人稀、气流易郁难泄之处。同时，《地方志》中对于无瘴的地区也有描述，"霜雪时降，瘴疠不作，号称乐土"，"五岭皆炎热，宜人独桂林，以风高无瘴也"。这就阐明了山岭上部因地势开阔、气流畅通、风速偏大、气温低、霜雪经常而不易成瘴。因此，为了避开风小湿重易生瘴岚之处，不少山区的居民宁愿高迁至山坡上部居住。

此外，《地方志》中对如何御瘴也有记载，如"若晓行不饮酒，则迁瘴必致病，夏月挥汗如雨，不敢解衣当风而卧，夜则紧闭门户，唯多焚苍术雄黄，免遭瘴染"。而更多的叙述是告诫人们"起居必慎"。这些都是民间积累下的经验之谈了。

目前对瘴气的认识

从《地方志》的记载来看，过去人们对于瘴气的成因还是有一定认识的，他们认为"山林水石之气，时溢为雾"，"深谷密林，人烟稀疏，阴阳之气不舒，加以蛇蝮毒虫，怪鸟异兽，遗秽林谷，一经淫雨，流溢溪间，山岚暴发，又复乘之，逐生诸瘴"。这就表明，人们已认识到瘴气是在深山密林、空气不畅的地区形成的雾，加以山林间腐烂物有利于蚊蝇滋长，由蚊蝇为中间宿主带着疟原虫、丝虫病及霍乱菌等传染人畜。

从天气气候观点来说，瘴气是山区小盆地（坝子）早晨飘漫着的白茫茫的浅雾。

我国华南和东南沿海空气湿润，水汽充沛，已为人所周知。闽粤桂之省（区）和滇南的年平均相对湿度多在75%～80%之间，3—6月闽粤桂地区几乎都在80%以上，很多山区还高于85%，7—11月，高湿区移到滇南桂西。这种气候背景，使南方的山林具有生成暖雾的条件，如广西四周的山地，每年平均有雾10～20天左右，闽西武夷山区和滇南地区甚至高达25～100天。尤其广西山林地区不但气温较高，而且风速较小，过去人口密度不大，天然森林面积较大，使桂瘴比滇、闽的瘴季要长。

桂西南、桂西地区夏秋多瘴，桂中、桂东南地区春夏之交多瘴，恰恰与这些地区最多雾月和最多雨日月份相符合。如隆林、百色等桂西南地区全年的雾月是在 10 月至翌年 1 月，而桂中、桂东南的主要雾月是在 3—4 月。

从近代气候图上可看出，年平均相对湿度 80% 以上的桂西南、桂南地区恰恰也是历史上瘴岚记载最多的地区，这说明瘴岚的生成不仅需要高湿，而且需要温暖。而桂北山地很多年平均相对湿度 80% 以上地区，由于低温和多霜雪而无瘴或极少瘴。在这种气温高湿度大的条件下，雾气重重，它本身并不会染人致病；但是这种气候条件，对细菌的繁殖、蔓延极为有利。因此，林内深谷中的腐烂秽气充斥到空气中，人畜触及，感染致病；疟疾、丝虫病等易于流行，这对于体质虚弱者，更是严重的威胁。

近几个世纪来，人类活动（如开伐增扩山林，发展工业和市镇等）对自然界产生巨大影响，所谓"人迹频繁、瘴疠自消"，理在于此。目前仅有人烟稀少的深山老林、江河源头还残存着古代描述的瘴岚景象。新中国成立后，在党和政府的领导下，积极开展疟疾等疾病的调查研究和防治工作，持久地开展爱国卫生运动，使环境卫生大大改善，同时不断总结推广御瘴治病经验，取得了可喜的成效。如今人们望着这茫茫迷雾，掌握了它的来龙去脉，也就不再"谈瘴色变"了。

（原载《气象知识》1981 年第 3 期）

蓝天飘带从何来

◎ 韩朝云　刘俊波

机场上一阵轰鸣，几架高速喷气式飞机腾空而起，片刻在蔚蓝色天幕上扬起皎洁的"绸带"，轻舒漫展，逶迤飘浮，把万里长空点缀得更加壮观。这是在特定气层里飞机掠过之后使飞行轨迹上的水汽凝结而成的特殊云，气象学上称它为"飞机尾迹"。

飞机尾迹

飞机尾迹对飞机性能没有什么影响，它既不会使飞机增速或减速，也不会引起飞机颠簸，飞机仍然按给定的航速向前飞行。但是，飞机尾迹对空军作战活动却有一定的战术意义。由于飞机尾迹的出现，很容易暴露飞机的位置、行踪和架数，因而在近代空战中作战双方都很注意利用或避免飞机尾迹的出现。

飞机尾迹是怎样形成的呢？按其成因的不同，可分为废气尾迹、对流性尾迹和动力尾迹三种，其中以废气尾迹最为常见。

 废气尾迹

废气尾迹又分为废气凝结尾迹和废气蒸发尾迹两种。

在寒冷的日子里，人们的口里常常会呵出雾气来，这是由于人们呼出来的气，既热又含有水汽，和外界冷空气混合降温，水汽凝结成雾滴。和上述过程相似，废气凝结尾迹是飞机在飞行中排出的废气同周围冷空气混合后产生的水汽凝结现象。蒸发尾迹则是在云中飞行时，由于云滴受废气的影响而蒸发消失，在云层上出现的无云缝隙。废气凝结尾迹多形成在气温低于 –40℃ 的高度上，而蒸发尾迹则常出现在气温较高有云的气层里。

对流性尾迹

对流性尾迹和废气尾迹一样，也是在飞机排出的废气影响下形成的。但不同的是，废气尾迹，是在飞行高度上的气层受到废气的影响而立即产生的凝结现象；对流性尾迹，则是飞机在凝结高度以下气层飞行时，排出的废气受到附近不稳定空气的抬升，逐渐膨胀冷却，上升到凝结高度以上时产生的水汽凝结现象（图1）。

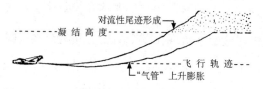

图1　对流性尾迹的形成

废气凝结尾迹通常在飞机后面几米至几十米的距离上就能形成，而对流性尾迹往往要在飞机后面数百米至数千米的距离上才能形成。与废气凝结尾迹相比，对流性尾迹的宽度要宽一些，其存在的时间也长一些。

空气动力尾迹

空气动力尾迹多出现在飞机翼尖和螺旋桨的后面。其形成的原理是：飞行中，机翼下方的压力比机翼上方的压力大，下方的空气便绕过翼尖向上流动，同时，由于飞机迅速前驶，绕翼尖流动的气流便被落在后面，遂形成长条螺旋状的翼尖涡流。翼尖涡流，因受惯性离心力的作用，逐渐向外流动，而涡流中心部分的空气，则因气压降低而膨胀冷却，如果飞行气层的湿度很大，在涡流中心就会出现凝结尾迹（图2）。这种凝结尾迹因是在空气动力作用下形成的，所以称为空气动力尾迹。螺旋桨后面的空气动力尾迹，也是由于同样的原因形成的。空气动力尾迹存在的时间一般都很短暂，所以这类尾迹在战术上的使用价值不大。

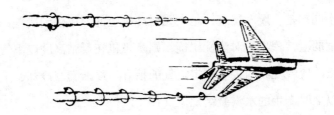

图2 翼尖涡流中心形成的飞机尾迹

那么，飞机尾迹经常出现在哪个高度上和能否预报呢？

能够产生飞机尾迹的空气层，称为飞机尾迹层。由于飞机类型、飞行状态以及气象条件不同，产生飞机尾迹的高度也不尽相同。根据多年的实测和研究，对流性尾迹一般出现在湿度较大、温度约为 $-3 \sim 0℃$ 的气层内；空气动力尾迹一般出现在湿度较大、温度高于 – 10℃ 的气层内；废气尾迹经常出现在对流层上部温度较低的气层里，其厚度随空中温、压、湿条件不同变化较大，当高空气温低于 – 40℃、湿度较大、其垂直分布又不均匀时，则可出现被干燥气层间隔开的两个或两个以上尾迹层。一般说来，尾迹层下限是暖的地区高于冷的地区；湿度小的地区高于湿度大的地区；暖季高于冷季；我国南方地区高于北方地区（夏季差别不大）。尾迹层上限大体与当时当地上空对流层顶相接近，在我国略高于对流层顶的情况占多数。所以，飞机穿过对流层顶再继续上升一段距离之后就不再有尾迹生成了。另外，尾迹高度的季节变化并不明显，平均说来，冬半年出现的次数稍多于夏半年。

航空气象部门根据对凝结尾迹形成条件的分析，制成了"凝结尾迹预报列线图"。在高空温度、湿度变化不大的情况下，可直接用当日实测的温压曲线和相对湿度来预报尾迹层，实践证明，其误差是不大的。如果高空温度、湿度变化较大时，那就必须使用由预报确定的温压曲线来预报尾迹层了。

飞机尾迹是一种具有战术意义的特殊天气现象。由于敌我双方都可以利用飞机尾迹，所以，我们要在"运用之妙"上下工夫，既要善于利用它，又要懂得如何避免它。这样，才能达到战术上趋利避害的目的。

（原载《气象知识》1982 年第 1 期）

猎塔湖真有"水怪"吗

◎ 姜永育

在四川省九龙县城附近的山上，有一个叫猎塔湖的高山湖泊。多年来，湖中频频出现怪物，搅得当地纷纷扬扬。一批又一批的猎奇者为此不远千里来到九龙，争相目睹怪物，并试图揭开它的神秘面纱。

那么，湖中怪物究竟是什么？它是不是人们传说中的"水怪"呢？

一个十分寻常的湖泊

九龙县，是青藏高原东侧的一个高原小县。猎塔湖所在的景区距县城 15 千米，整个景区面积约 100 平方千米，长 40 千米，原始、古朴、神奇而神秘。

景区内的众多高山湖泊（当地人叫"海子"）平滑、光亮，像一面面巨大的镜子，将雪峰冰川、蓝天朝霞、森林草原等倒映其间，形成一幅水、天、山、雪一体的优美画面。游人到此，心中无不产生"青山多胜事，赏玩夜忘归，掬水

月在手，弄花香满衣"的诗情画意。

猎塔湖，便是这众多湖泊中的一个。该湖泊的形成，主要来源于皑皑雪山消融的雪水。湖泊面积只有 1 平方千米左右，站在湖边的高地上，可以将整个湖面一览无余。湖水清澈、明净，看上去深不可测，加上湖面倒映着蓝天白云、青山绿树，更给人一种万丈深壑的感觉。

然而，就是这样一个看似寻常的湖泊，却屡屡出现了不可思议的怪物，令当地人谈之色变，众多游人闻讯纷至沓来，科学工作者也前来解谜释惑。

湖泊里，真的存在着"水怪"吗？

千年藏经记载的传说

关于湖中"水怪"的传说，在世界各地比比皆是。中国"水怪"传说比较有名的是新疆喀拉斯湖"水怪"和长白山天池"水怪"，不过，这两个地方的"水怪"直到现在仍然扑朔迷离，人们无法解开谜底。

猎塔湖里有"水怪"的传说，在九龙县已经有很长的历史了。

在九龙县一个叫吉日寺的喇嘛庙里，保存有一本千年流传下来的藏经，经书上赫然记载猎塔湖里有宝物！至于是什么宝物，经书里没有说明，也没有过多的描述。然而，正是这一记载，激起了人们探索的激情和寻宝发财的欲望。千百年来，一批又一批的人来到猎塔湖寻宝和探秘，但谁也没有找到真正的宝物，他们中的一些人，倒是遇到了令人匪夷所思的"水怪"，并感受到了极大的恐惧和惊骇。

在很多当地人的眼里，这个"水怪"已经具有了某种超凡的魔力。人们传说，它能影响一个人一生的命运：好心的人看到它，就能得到福

气和金钱，一生平安；而心术不正的人，上山看到"水怪"以后就会倒霉，遭到惩罚。这些传说，在当地人的心理上产生了持续长久的影响。

那么，这个"水怪"到底是什么模样呢？

众说纷纭的水中怪物

湖中的"水怪"传说虽然千百年前就已经存在，但真正引起人们广泛关注却是近年来在这里出现的现象。

过去，猎塔湖一带由于沟壑密集，森林茂密，平时鲜有人来。1994年的一天，有个当地人偶然来到猎塔湖边采摘蘑菇。正当他采摘甚丰时，突然之间，湖面上风生水起，天气突变，随着一声巨响，一个神秘怪物从湖中跳出来。据他讲述，那怪物长得像远古时代的恐龙，模样十分可怕。几天后，好奇的人们在他的带领下来到湖边，结果在浅滩上发现了一些凌乱的牦牛尸体。"这地方没有出现过大型野生肉食动物，牦牛肯定是被水怪吃了！"人们惊骇不已，相互转告，于是"水怪"的传说不胫而走，越传越烈。

此后，一批又一批的猎奇者来到猎塔湖，都想一睹水怪的真实面目。1998年，有个当地人在猎塔湖边苦苦守候，终于用摄像机拍摄到了一个神秘现象：平静清澈的湖中突然出现浪花，浪花像车轮一样，把水搅成逆时针方向旋转，而旋涡底下好像有生物在移动，几分钟之后，这一现象消失，整个湖面又呈现出平静安详的景象。这段录像流传出去后，猎塔湖名声大震，前来探索"水怪"者络绎不绝。但"水怪"仿佛在与人们作对，能看到它的人寥寥无几。

2004年6月，两个村民在湖边休息时，突然间大风骤起，黑云堆积，湖中传来一阵巨大的响声。一个村民闻声看去，只见湖中掀起了阵阵巨浪，转瞬之间，湖面上突然钻出了一个奇怪的动物。惊慌失措之下，两个村民只看到怪物头长近 2 米，远远看去像条大蟒蛇。片刻之后，怪物便沉入了水中。时隔一年之后的 8 月，有个本地画家在猎塔湖写生时，也看到了传说中的"水怪"：当时天气突变，狂风大作，他看到湖中出现了一个将近 20 米长的神秘怪兽，怪兽头上似乎还长有一个冠子，它在水中旋转翻腾，激起了阵阵大浪……

为了探索猎塔湖怪的秘密，2005 年 10 月中央电视台《走近科学》摄制组也来到了猎塔湖。记者们在湖边的岩石上架起摄像机，静静地等待那个神秘动物的出现。当天下午 4 时左右，原本晴朗的天气突然发生了变化，湖面上空竟然飘起了雪花，就在此时，记者发现在对岸附近的水面上出现了一片可疑的迹象，湖面似乎被什么东西在水下搅起了一个个巨大的旋涡，而且旋转的速度十分惊人。在不到一个小时的时间里，这种奇怪的现象不断频繁出现，仿佛是"水怪"在湖底兴风作浪，令人十分惊疑。

人们看到的"水怪"都不一样，那么"水怪"到底是什么呢？它是不是真实存在的生命体呢？

难以信服的种种猜测

对猎塔湖中出现的"水怪"，人们给出了各种各样的解释和猜测。

第一种猜测：史前遗留下的恐龙后代。针对一些目击者看到的类似恐龙模样的"水怪"，有人提出：湖里可能真的生存着远古恐龙的后代。但这种说法很快就被否决了。因为恐龙很早就已经灭绝，目前全世界还未发现有活着的恐龙存在，而且猎塔湖只是一个年轻的高原湖泊，

它是在恐龙灭绝之后才形成的，湖里有恐龙的说法显然不堪一击。

第二种猜测：湖里有大蟒蛇生存。因为一些目击者看到了长得像大蟒蛇似的"水怪"，于是有人说：湖里可能生存着一条或者几条巨大的蟒蛇。但科学家们经过推理，也否定了这种说法。因为蟒蛇一般都生长在热带地区，它们需要大量的太阳热能、丰富的食物来维持生长和活动，在常年平均气温只有几度的猎塔湖，即使把大蟒蛇放进去，它也会很快因冻饿而死亡。

第三种说法：湖里有大鱼或其他较大的水生动物。在排除了前两种说法后，有人提出：湖里是否有像新疆喀拉斯湖那样巨大的鱼类或其他水生动物存在。因为猎塔湖和喀拉斯湖一样，都属高原冷水湖泊，既然喀拉斯湖的红鱼可以长到十多米长，那么，猎塔湖里的鱼也完全有可能长得很大。但人们在经过实地考察后，认为猎塔湖根本不具备大鱼生存的条件：猎塔湖水虽然很深，但面积较小，没有大鱼生存所必需的食物链。人们在湖边考察中，只发现了一些小鱼和山溪鲵。山溪鲵的个体很小，只能长到23厘米长，当然更不可能成为"水怪"了。

第四种说法："水怪"是龙在兴风作浪。一位目击者在看到湖中出现的"水怪"后，凭着记忆将它画了下来。从画像上，人们看到了一条民间传说中龙的模样。对此，迷信者解释说，猎塔湖"水怪"其实就是天上的龙王爷在兴风作浪。但在现实世界中，"龙"是根本不存在的，这种说法当然就更不可信了。

既然以上几种说法都站不住脚，那么，猎塔湖"水怪"到底是什么东西呢？

"水怪"是一种奇特的天气现象

在众多目击者的叙述中，都有一个共同的奇怪现象：每次水怪出现的时候，无一例外地都伴随着天气的剧烈变化。

难道湖面上天气的变化和"水怪"之间存在着某种必然联系吗？它会不会是像当地人所说的那样，猎塔湖"水怪"具有呼风唤雨的能力呢？带着这些疑问，有关专家经过深入分析和考察研究，终于揭开了"水怪"的神秘面纱。

原来，猎塔湖中出现的水怪，其实是天气和地形原因共同造就的，它是一种奇特的天气现象。而这种天气现象的形成和出现，可谓是占据了"天时"和"地利"之便。

天时，是指猎塔湖所在的地区天气十分复杂。猎塔湖的位置海拔在4300～4700米，这里是典型的高原高山气候，天气复杂多变，冰雹、大风、雨雪等天气现象随时都会发生，特别是夏季天气更是变幻无常：炎炎烈日一遮，大风四起，雨雪很快就会从天而降——复杂多变的天气，可以说是"水怪"现身的必要条件。

地利，是指猎塔湖所处的地形环境十分独特。猎塔湖三面环山，且每一面山都有很深的沟壑，山头和沟壑均生长着茂密的森林。猎塔湖在三面山的环抱之下，就如一个婴儿安详地睡卧在簸箕之中。这样一个特殊的地理环境，为"水怪"的出现提供了客观条件。

有了"天时地利"之便，那么"水怪"是如何形成的呢？

原来，在白天，猎塔湖在炽热阳光的照射下，湖水表面温度渐渐升高，使靠近湖面的热空气不断上升，并与高处的冷空气相遇，冷暖空气一交汇，很快就形成了降雨降雪现象；而且由于下面温度高，上面温度低，大气层结很不稳定，极易出现强烈的对流天气，使得空气呈现剧烈上升现象。

猎塔湖上之所以会出现旋风，这是由于西侧山谷中不断有横向风吹来，当这股"横风"与湖面上的对流空气相遇时，就有可能使空气旋转起来。如果旋风较大，就会带动湖水转动，看起来就像一条巨大的鱼

在游动。若湖面上出现的旋风不断增强，就会因为旋风中心气压减小而把湖水吸向空中，从而出现另一个奇观——水龙卷。

众多目击者看到的"水怪"各不相同，乃是因为当时的旋风强度不同：旋风较弱，目击者便只能看到湖面上出现旋涡，疑似水怪在湖底兴风作浪；如旋风较强，将湖水吸到空中形成水龙卷，目击者在当时的恐慌心理影响下，便会看到类似"蟒蛇"、"恐龙"等十分恐怖的"水怪"了。

（原载《气象知识》2008 年第 1 期）

大气与光线的游戏

白　霞

◎ 朱德龙

　　人们往往把霞叫做"红霞"或者"彩霞"，似乎霞与艳丽的色彩有着天然的联系。其实，日出或日落前后，晴朗的天空里，有时呈现灰白色，尤其在我国西北干燥地区，这种现象更为明显，这也是霞，人们管它叫"白霞"。

白霞的形成

　　霞是天空中的一种光学现象。当阳光穿过大气时，由于空气分子的散射作用，它被分成红、橙、黄、绿、青、蓝、紫等各种单色光。在晴朗的早晨（或傍晚），当阳光穿过厚厚的大气时，（这时阳光穿过大气的厚度，相当于正午阳光直射穿过大气厚度的 35 倍）被大量空气分子所散射，同时各种单色光都受到了不同程度的削弱。由于各种单色光的波长各不相同，故受到空气分子的散射程度也不相同。光的波长愈长愈不易被散射，当阳光穿过大气时，首先被散射掉的就是波长较短的紫、蓝光，余下的是波长较长的红、橙、黄光了。如果近地面空气中含有的水汽、杂质较多，那么穿过空气层以后的阳光，让人看来就是以红光为主的色彩，也就难怪人们叫它红霞了。在有云的情况下，云块也会"染"上艳丽的橙红色。

可是，在我国许多干燥少云的地区，往往看不到那种艳丽的彩霞，当阳光穿过干洁的大气时，除了一些波长较短的色光被空气分子散射之外，其余各种波长较长的色光，均可透过大气，成为人目可见的复合光——白光，就是我们所说的白霞。

白霞的天气特征

既然各种霞的形成，都与空气中的水汽含量及云的存在有关，那么，霞的颜色也可用来断定大气中水汽的多少，进而推断降水的可能性，把霞看做是天气变化的一种征兆。在我国许多地区流传的天气谚语中有"青霞白霞、无水烧茶"的说法，反映了朝霞、晚霞的色彩和鲜艳程度与大气中的水汽含量密切相关。水汽多的时候，霞的彩色鲜艳或暗红；水汽少的时候霞光发青或发白。

当日出或日落时，天空中有白霞出现，说明大气燥洁，如果未来没有天气系统移向本地时，一般是不会形成降水天气的，也可以初步断定未来天气将是晴好的。例如：在我国年降雨量仅有十几毫米的吐鲁番盆地素有"干盆"之称，由于下垫面十分干燥，空气中水汽含量很少，一般不会出现色彩鲜艳的红霞，这里的霞也往往多是白霞。白霞在我国长江流域或沿海潮湿地区，一般是很不易看到的，而在西北大部干燥地区却是屡见不鲜了。

（原载《气象知识》1981 年第 3 期）

天府秋月儿度明

◎ 曾熙竹

　　常言道："月到中秋分外明。"在我国许多地方，入秋后主要受高气压控制，天气晴朗，空气清新，中秋圆月也格外皎洁。唐·戎昱《戏题秋月》云："秋宵月色胜春宵，万里霜天静寂寥。"千百年来，中秋赏月在民间已成传统，以秋月为题的写景抒情之作屡见不鲜。但是，对于生活在"天府之国"的人来说，中秋月却是一位难得见面的"稀客"。例如成都，从1951—1980年这30年的中秋夜晚，其中就有20年云厚天低，夜雨霏霏；有4年云密天暗，星月不见；有4年云天稍裂，月光熹微；只有2年云净天高，皓月当空。在我国古代浩瀚的诗海里寻觅，也很少见到吟咏巴蜀秋月的作品。可见，四川盆地秋月难明，自古如此。

　　"天府"难逢秋月明，是由四川盆地的气候特征决定的。秋季冷暖空气常在这一带滞留交绥，云多、寡照，雨频、湿重，月色常被深藏在云雾中。四川盆地是全国多云中心之一，而一年之中又以秋季为最，仲秋10月平均阴天日数多达25天，雨日一般为15～22天，比华北和华南的4～8天，长江中下游地区的8天左右多得多。从古到今，四川盆地的秋雨绵绵就十分引人注目。唐诗形容为"秋霖近漏天"。当年唐明皇入蜀在农历八月即遇"霖雨兼旬"，"闻铃声与雨声相应"，"因采其声，为雨霖铃曲"。据现代气候资料统计，9、10月连续7天以上的绵雨频率，盆地大部地区可达40%～50%，盆地西南部更高达60%～

70%。这种连绵阴雨，恰同全国大部地区秋高气爽的气候特点形成鲜明对照，而使秋月失去了"皎皎"的面容。

唐人柳宗元曾用"恒雨少日，日出则犬吠"来形容四川盆地阴雨多，日照少的气候特色，以后"蜀犬吠日"便成了比喻少见多怪的成语。而李商隐写下的"巴山夜雨涨秋池"的著名诗句，则描绘出一幅形象逼真的秋季夜雨图。巴蜀之秋，云多雾重，日照稀少；因夜雨多于昼雨，倘与日照比较，"月照"理应更缺。如果古时有人像柳宗元这样善于夸张，并且留心观察"天府"秋月，也许还会生出一个"蜀犬吠月"的成语哩！

（原载《气象知识》1987 年第 5 期）

青海湖旁的路蜃奇景

◎ 王鹏飞

青海湖旁的下观蜃影

1986 年 8 月 8 日，我参加中国科技史学会地学史学术讨论会的青海湖地理考察。晨 8 时乘汽车离西宁，过海拔 4000 米的拉脊山头，经海拔 3520 米的日月山，11 时许，沿新铺设的沥青公路，向西直驶青海湖。

忽见前方路面出现多处水潭，形状不一。有的横堵路面，有的仅占路面一部分。它们大小各异、形状各别，往往好几个水潭远近分布，参差并存。有的水潭随车的前进而向前移，并渐渐弥散，弥散处与汽车的距离不等，当某些水潭弥失时，往往又有一些新的水潭在远处出现。

我们的车开得很快，当追近一辆白色面包车约距 300 多米时，赫然发现此面包车后端在公路面上的倒影，犹如在水面上的倒影；车轮子在上，白色车子的背影在下，倒影轮子与实际面包车后轮时而相连，时而位于面包车后轮之后若干距离处。白色车子的倒影在黑色沥青公路的背景下，明显醒目。此后我车始终保持与面包车约 300 米之遥，而上述倒影则时隐时现，时近时远，煞是有趣。当到达青海湖边时，我们的车已追及该车，见此面包车后的方块大玻璃反射阳光，在地面投以淡黄色光片，此光片在地面随该车而止动。

下午 4 时许，我们离青海湖循原路东返，在此公路上又有"水潭"

在前方隐现的景象。当一辆绿色大车迎面驶来时，在黑色公路面上也出现了绿色车身的倒影。

同行的司机说，他们过去也发现过这种现象，只知道是幻觉，但不知道为什么会出现这种现象。我告诉他，这是"海市蜃楼"的一种，叫"下现蜃影"由于出现在公路路面上，可以简称它为"路蜃"。

路蜃的形成过程，基本上是由于光线自前上方通过下热上冷的近地面空气，逐层发生折射后，反转向上又逐层折射而进入人目所致。人目是一个被动感光器，它不能追溯物光，因此，它无法了解光线进入人目前的路径历程。它只能迎着最后进入人目的光线的来向接收光线，因而光线所包含的物象信息，从人目看来，似乎直接位于最后进入人目的光线来向，而并不是位于实际物体的真正所在。

例如上述公路上的"水潭幻象"，事实上是前方天空的像，其形成过程见图1。

"天光"或"物光"（图1中右上）自前上方斜向射来，在近地气层中，因下热上冷，所以它是自低温气层斜射到高温气层，下射时逐层发生折射，其折射角（r）均大于入射角（i），如图1中A、B、C处所示。从而使光路变得愈来

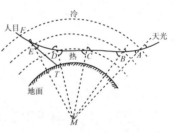

图1　"水潭幻象"的形成光路

愈与地面平行。由于气层包围地球，呈同心球壳状，所以当折射光在接近于与地面平行时，它虽然在某处（如图1中C处）仍折入下一气层，但在另一距离不远的地方（如图1中D），却重新由下一气层折入上一气层了。这是因为直线（光线CD）与球面是相交于两点（C点及D点）的。光线到达D点转而向上折射，就变为自高温气层向低温气层折射了。这样，其折射角（r）将变得小于入射角（i），从而使光路愈来愈脱离与地面平行的状态而变得渐近于与球形气壳的法线方向平行

（见图1中 D、E 等处）。最后光路进入人目，人目按最后进入的光路 FE，看到天光或物光所提供的象在地球表面上 T 处。

人目向前下方公路路面见到的小部分天空的像，在用脑进行判别时，根据地上不可能有天空而只可以有水潭的习惯认识，而且天空色彩也与水潭的水色有近似处，就认为它们应是水潭，属于公路上的水潭，而不认为是天空。可见这种水潭是天空的"下现蜃景"现象。

又如上述公路上的白色面包车背倒影和绿色大卡车倒影。它们并非地面的反射倒影，却是空气的折射倒像，因为当时公路路面干燥，并无水层，路面的沥青又系小块构成，凹凸不平，不可能发生镜面反射。这些倒影实际上是汽车在下热上冷气层中所形成的下现蜃景，形成原理与天空的下现蜃景形成原理相同，只是光线来自前方的汽车而已。具体公路上"水潭"像及"汽车"像的形成光路，可参看图2。

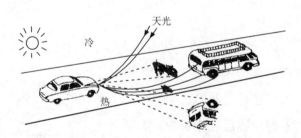

图2　公路上的水潭像和汽车像的形成光路

路蜃形成的环流条件

为什么上午地面增热最快时易于造成公路的下现蜃景呢？我们知道，青海湖位于西宁之西，西宁海拔在 2000 米以上，青海湖面海拔约 3200 米，又高于西宁。青海湖东南诸山，海拔更高于青海湖，如拉脊山顶海拔为 4469 米，日月山垭海拔为 3520 米。在夜间，由于海拔较

高，空气密度较小，所以陆面辐
射冷却很快，并发生山风。太阳
出来后，陆面温度升高，到上午
9 时左右，由于太阳高度角增加
最快，且由于海拔高，大气厚度
薄，空气密度小，所以地面增温

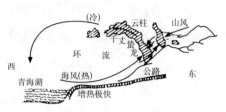

图 3　海风与山风会合上升
形成的"云气"

很快，但山坡上气温较低的山风仍占优势。这就造成青海湖东边紧贴地
面气层温度较高，而上空仍盛行较低气温的山风的现象。我们在到达青
海湖东缘的招待所时，大约是当地真太阳时 9 时许，因此，在近地面气
层中，必将造成很大的温度垂直梯度。在贴地 2 米以下的气层内，温度
垂直梯度已可远大于"超绝热直减率"（3.4℃/100 米）。我那时在汽车
内，眼睛距地高度不高于 1.5 米，正在贴地气层厚度范围内，所以，足
可以见到路面上显示的下现蜃景了。

　　在下午地面温度最高时为什么也能形成下现蜃景呢？这是因为过了
真太阳时正午，太阳已在子午线稍偏西的方位。对于青海湖东南诸山来
说，其迎湖坡已成向阳坡，坡面与阳光之交角已变得很大，所以坡面空
气沿坡上升而使山风消失，盛行了谷风。谷风的出现加强了青海湖海
风，于是陆面为海风所控制。但陆面当时太阳高度角也大，这时虽然太
阳已稍偏西，地面收入的太阳辐射已等于支出的地面辐射，但是通过下
午一个多小时的"接收太阳辐射仍多于支出的地面辐射"形成热量积
累，此时地面温度已达最高。它当然要对其上的海风起加热作用。但海
风受谷风的引导，不可能始终停滞在一地。青海湖东的陆面不断接收新
鲜海风，它尚未将上面的空气充分烤热，就又有新鲜海风代替先到的空
气覆盖其上，因面地面的热量始终难以充分上传到较高的高度。这就使
贴地气层中出现了陡峻的温度垂直梯度，甚至超过"超绝热直减率"
很多。下热上冷的气层层结十分明显，虽然海风含有较多水汽，但登陆

后是增温的，且上升气流又不很强，所以很少成云。天空澄朗，有利于天光及阳光透入大气，所以这时也是形成下现蜃景的良好时刻。

路蜃形成的路面和方向条件

公路沥青路面呈黑色有利于显现路蜃。在接近青海湖的公路上，我们发现路蜃的路段，沥青路面似乎是新筑的，上面无细砂土覆盖，呈油黑色，比两侧陆面颜色深得多。这种色泽对下现蜃景的显现起到两个作用。一是它能吸收较多的太阳辐射，从而使其温度上升得比两侧路旁高。这样，公路就成为陆面上温度最高的地带，而其上方的贴地气层也就成为陆面上气温垂直梯度最大的区域，最易出现路蜃。二是深黑色的路面能衬托路蜃，使其更加显著，更容易被发现。在上述的例子中，天空的蜃景呈淡青色，汽车的蜃景呈白色或绿色，它们衬以黑油油的沥青路面的背景，就更加明显了。

太阳的方位及车行的方向也有利于我们发现路蜃。我们的汽车上午赴青海湖，是由东向西行驶，太阳在我们的东方上空，阳光从车后照向车前，西方的天光柔和地射向车前，使得我们不会因阳光眩目而看不到蜃景。下午我们的汽车顺青海湖南缘东驶，太阳在偏西方仍从车后向车前照射，同样有利于看到路蜃。

人目距地高度对能否发现路蜃也有关。我那天发现路蜃时，正坐在小卧车后排的坐位上，人目高度不到1.5米，视野只限于前排司机与另一乘客之间及风挡玻璃上下宽度之间的视角内。由图4可见，人目高度（F、E）愈低，则路蜃与观测者愈远。若按人目高度1.5米来计算，见图5，如 α 为俯角，现测到的路蜃在车前200～250米处形成，α 角在20～26分之间。这说明当目光向前看时，只要有半度的俯角就能看到路蜃。这样小的俯角，只要眼珠稍向下转即可成功，用不着俯首观测。因此，我坐在车内后排是很容易发现路蜃的。如果路蜃出现的距离较近，就需要有较大的俯角才能看见，也可能路蜃会越出我当时在车中的视野范围而观测不到。

空气扰动对蜃景的影响也是应当注意的。我们发现路蜃时，汽车正在不停地快速行驶中，汽车的行驶会使近地气层发生扰动，也就会在一定程度上影响路蜃的出现及其位置。但一般说来，扰动的部位距观测者愈近，其影响也愈小。因为路蜃光路的后一部分，均受其前光路走向的影响，而其前光路又受更前光路的影响。扰动能使相邻两个气层的折射率发生变化。在距观测者较远的蜃景光路中发生扰动，会大大影响其后的蜃景光路，往往前面"差之毫厘"，会使后面的光路"失之千里"。如果发生扰动的空气就在观测者眼睛附近，则这种扰动虽也能改变一些光路，但对观测路蜃无大妨碍。

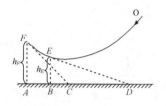

图 4　人目愈低，
所见路蜃愈远

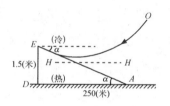

图 5　观测下现蜃
景的俯角计算

凡是在蜃景光路以外的扰动，是不会影响人目见到蜃景的。正因为这个缘故，虽然我们是在行进中的小汽车中观测蜃景（如水潭等），汽车前方的空气受到了扰动，但仍不妨碍我们见到下现蜃景。

（原载《气象知识》1987 年第 3，4，5 期）

海滋名称的由来及形成原理

◎ 王鹏飞

近年来，在许多报刊（如《大众日报》、《镇江日报》、《人民日报》海外版、《气象知识》等）上，刊登了不少出现于渤海湾和烟台地区的"海滋"幻景的消息，在群众中自然地引起了"什么叫海滋?""海滋一名是怎样提出的?""海滋是否属于蜃景?""海滋是怎样产生的?"等疑问，由于此名称过去未曾在气象学界听说过，但它又确是一种气象光象，作为一个气象工作者，有责任弄清"海滋"现象的本质，阐明它的形成原理。为此，笔者在1989年秋特意到'海滋'一词的发源地，即地处渤海湾内的长岛县，作了一番调查。接着又到蓬莱、济南等地了解各方面对"海滋"的看法。在此以前，笔者在银川的一次会议中，又看到了所谓"海滋"的录像片，因此，也具有了对"海滋"现象的初步感性认识。

渤海湾岛民眼中的"海滋"

据调查了解，"海滋"在渤海诸岛的渔民中，已是熟见的现象。出现时，邻近目力所能及的海岛，常呈底部下凸，两端翘起等"飘浮"现象。海滋现象强烈时，这些海岛，甚至呈蘑菇状、仙人球状，只有"根"部着水。当地渔民就称这种现象为"海滋"。意思是：这种幻象是由目力所见的岛屿或海洋上的物体滋生变形而成的。这个名称，虽流行于渤海诸岛，却并未在文献中引用过，只是一种"口头术语"，流行于民间。所以长久以来，气象学界并未知道。1984年长岛县刘文权同志首先在文中引用了渤海湾岛民口头术语"海滋"一词，并作了介绍，刊于《山东各地概况》中。其后，长岛、荣城、青岛等海域的这种海上幻景，就多次以"海滋"之名，散见于报刊、电台、电视台的报道中。可见"海滋"一词，起源于上百年来渤海湾岛民的口头沿用，并不是什么人故意创造出来的。1984年后，仅是将"口头术语"转为"书面术语"而已。

在笔者进行调查时，了解到为了"海滋"一词，在有关报刊上，曾引起剧烈的争论，迄今未歇。本文想从两个方面，提出看法：一方面是从形成的科学道理上来阐明"海滋"现象的实质；另一方面，是从蜃景的分类学及语义学方面来探讨"海滋"的名称。

"海滋"的形成原理

海上的岛屿，为什么会呈底部下凸，两端翘起，或蘑菇状、仙人球状的形象呢？这当然与海上温度的铅直分布有关。根据笔者的了解，这时必然海面温度有较大的向上梯度。气温远低于海温，使由海上岛屿来的光线由于在海面上大气中受到折射，发生向下（即向暖的一侧）弯曲，然后再向上进入人目，从而在物像之下，出现了一个倒的下蜃（即"下现倒蜃"）。物像与倒蜃相接线，从近处岛屿看，即地平线。从远处岛屿看，则是物像因地球弯曲的"被遮线"。除此以外，天空也在下蜃中出现。情况如图1所示。从图1中，可以看出由于天空下蜃的存在，地平线似乎向下移了，它并不与岛屿物像底边相贴，而却位于倒蜃之

下，而倒蜃却与岛屿物像之底相接。由于岛屿的下现倒蜃，与岛屿物像、形状虽有厚薄之不同，但基本上是相似的，仅上下颠倒而已，所以人目看来，似乎物像与其下现倒蜃合为一体。当倒蜃很扁时，人们看见的好像岛屿底部下凸，两端翘在空中（实际是在天空下蜃上方），形成了所谓"海滋"现象。

图 1　岛屿物像，下现倒蜃及天空下蜃

其实，图 1 中的岛屿物像，在下暖上冷的大气层结条件中，也并非与原岛屿形状完全一样，它多少也已"蜃景化"，即形状高低有少许变化。它也是蜃景，只是属于"正蜃"而已。但由于"蜃景化"不厉害，与原岛屿形状基本相近，因此，我们在图 1 中，就称它为岛屿物像。图 1 中，岛屿总的看来，正倒蜃合并的形状，已很像植"根"于海面的"蘑菇"状了。如果岛屿的正蜃厚度变大，倒蜃也厚度变大，那么形状就必然会像"仙人球"形，，也就是长岛或渤海湾各岛屿渔民所认为的海滋强烈呈现（称为"强滋"）的现象了。图 1 的"海滋"，由于倒蜃较扁，所以他们称之为"弱滋"。

在荷兰，明那亚（M. Minnaert）的名著《露天世界的光和色》(*Light and Colour in the Open Air*) 一书中图 44 绘有类似海滋的图，今抄录如图 2 所示。这是一次航海见到的蜃景，图 2 中（A）的上图为远山，下图则为所见蜃景。(B) 是船与山的蜃景，（C）、（D）为岛屿的蜃景，均包含了正蜃、下现倒蜃和天空下蜃，也可称为"海滋"。

1976 年在《科学的美国人》(*Scientific American*) 1 月号杂志中，弗来沙（Fraser）、麻赫（Mach）发表了《蜃景》(*Mirage*) 一文。其中附有"沙漠蜃景"一图，显示了双像下蜃。图中远处只有干沙漠和

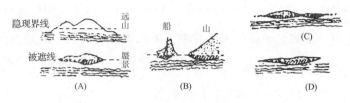

图2　一次航海见到的蜃景

山，但好像有水景。远山下部为地平线所掩，不可能看见。上部却伴有倒像，近山也有倒像。那些水景，其实也是"天空下蜃"。这张图所显示的形象，很像"海滋"，但因出现于沙漠地区，当然不能称"海滋"，而其产生原因也与"海滋"有相似处，即沙漠比空气暖得多。

1986 年，法尔克（Fark）、勃列尔（Brill）和司讨克（Stork）所著《观测光：自然界光、摄影、色、视觉和全息照相》（*Seeing the Light*：*Optics in Nature*，*Photography*，*Color*，*Vision and Holography*）一书中，图2为暖空气上有冷空气时的蜃景图。此图中的（B）图，表现了陆地上山的蜃景，今复录如图3所示。从图3可以看出地面有电杆木，山下有下现倒蜃，也伴有"天空下蜃"。从电杆木 a、b、c 依次渐短，大体可以看出电杆木的远近。电杆木 c 似植于"空"中了，事实上仍在平原地面上，只是这部分地面为天空下蜃所掩饰而已。图3 也像"海滋"，但当然也不能叫"海滋"，因为它出现于陆地上。

图3　平原上的远山蜃景（a、b、c 为电杆）

可见类似"海滋"的现象，并不是海上所独有，更不是渤海湾或长岛一带所专有，在沙漠及平原上都可出现类似的现象。它们都是由于温度向上强烈减低所造成的蜃景，否认"海滋"属于蜃景是不妥的。然而，既然"海滋"是渤海诸岛及烟台地区渔民和岛民流行上百年的对伴有下现倒蜃时的蜃景的习惯称呼，那谁也没有权利否定这个名称。

不过这个名称只能作为当地的地方性名称。那么，为使人们对此地方性特殊蜃景有所了解，今后有关的辞书上可以加此一词目，并进行解释。国内外许多词汇及词典中，均列有地方性风的名词，如布冷风、白毛风等，当然也应该允许存在地方性的蜃景名词。

下面说明一下"海滋"出现的其他特点：

1. "海滋"出现时，有人认为必定有"平流雾"。因为当时蜃象较远，只见海天边界远处，似有一个白色带状气层，时断时续，忽隐忽现。这个现象，人们常认为是雾带。其实并非雾带，因为在陆地上，特别在沙漠上出现下现蜃景时，也会出现白色光带，那时太阳辐射较强，陆地上及沙漠上温度很高，空气相对湿度很小，不可能有雾。既然沙漠上的蜃景白色光带不是雾，"海滋"出现时的类似的天边白色光带，也多半不会是雾。

那么这条白色带状气层是什么呢？我认为这是乱流强烈的气层，由于该层空气乱流强烈，空气中存在许多密度不同的涡流在活动。这种现象，当气层下暖上冷，出现明显的不稳定时，是必然会产生的。而下暖上冷正是下现蜃景出现的条件。当光线透过这层充满涡流的不稳定气层时，由于光路在不同密度的活动小涡旋间穿越，发生不规则的散射光，这些散射光不但削弱了从目标物发来的光，而且增大了背景光，从而使人目观察目标物及蜃景时，觉得有若隐若现，似见非见的感觉。这种涡流，在海面较暖的条件下，其活动高度大体有一个上限，白带的顶部，就是这个上限。但涡流毕竟是在作不规则运动的，在海面上及岛屿上，甚至在岛屿的不同性质地面上，温度向上的垂直梯度不尽相同，而且涡流又在活动中，有时这里较密，有时那里较疏，这就会使白色的带，有时此断彼连，有时此厚彼薄，有时此浓彼淡。但也正因为带内有这些涡流作频繁而不规则的运动，使此白带中的各层空气，分别有一个平均密度。这种密度，一般仍应是"上密下稀"的分布，"下稀"是由于近海面温度高空气膨胀;"上密"是因为空气上腾,上方温度低,空气有所积集和收缩。这种上密下稀的密度分布,不可能在很厚的大气层中存在,仅能在地表或海面附近存在,但它就足以造成"下蜃"现象了。

2. 出现"海滋"时,有时低空有细小水滴悬浮。它们可能是毛毛雨滴或雾滴,可能是风浪后的悬浮水沫,只有在这些飘荡的水滴蒸发时,"海滋"才能出现。这是因为当水滴蒸发时,要吸收大量潜热。潜热取自空气中的显热,使空气温度大大降低,从而形成海面下暖上冷的强烈温度梯度,促使"下现蜃景条件"的出现。

3. "海滋"现象,一年四季均可能出现。在冬半年,海水由于比热容较大,温度比陆上为暖,一旦冷的陆风,山风或北方冷空气吹到海面,就会造成下暖上冷的大气层结,从而出现"海滋"现象。在夏半年,海面冷于陆地,如有海风向岛屿上或陆上吹,此较冷海上空气的底部,受到陆地表面的影响而变暖,首先造成登陆后的海洋空气的下暖上冷,如果再加上此空气中所带之水沫浪花的蒸发,则下暖上冷现象将会加强,有利于"海滋"的形成。

4. 据长岛刘文权同志多次观测"海滋"的经验,认为"上午东向易出,下午西向易出,未见相反方向同时出现"。这个经验,应当说大体可用。因为在夜间海面温度一般高于岛上,这是由于海水比热容大于土壤及岩石,辐射冷却较少所致。到了早上,人向东方看,看到的是较暖的海面与岛屿的背阴面,经一夜辐射冷却的岛屿高处的冷空气,呈山风性向背阴面下滑到海上,就使东方海面呈下暖上冷的大气层结,有利于"海滋"的形成。到了下午,经过一段时间的加热,岛屿陆地就比海面为暖。人向西边看,海风向西边岛屿上吹,底部空气受岛屿地面加热,形成下暖上冷的大气层结,也易出现"海滋"。至于相反方向同时出现"海滋"的现象,虽然少见,但从原理上看,不能说不会产生。例如在中午或下午渤海海区,"西北""东北"方向同时出现"海滋",

也是可能见到的。

5. 刘文权曾提到"于海边观赏，实体变幻程度较大。随着观望高度的增大，海滋变幻程度相应递减"。这一点是合理的，因为下暖上冷的铅直梯度，一般是愈近海面或地表愈大。因此，愈近海面及地表，"海滋"现象愈显著。随着观测者高度增高，他眼前的空气温度，虽仍上冷下暖，但密度"下小上大"的程度必然减小，故"海滋"现象就变得不很明显。再向上去，仍可维持下暖上冷的大气层结，但气层密度已正常地成为"下大上小"了，"海滋"现象，自然也不存在了。这是因为作为下现蜃景的"海滋"现象，归根结底是由于大气密度层结倒置（下疏上密）所造成的。如果没有这种密度层结倒置，虽然大气下暖上冷（正常大气层结一般就是下暖上冷），仍是不会出现"海滋"的。

从蜃景的语义学及分类学角度讨论"海滋"一词

蜃景，英文叫"迷来奇"（mirage）。此词源于法文"被反映"（Semirer），可意译为"映象"。这是因为过去西洋人对蜃景现象的成因不理解，以为它反映实物犹如镜子（mirror）反映实物一样，属于反射作用所造成。直到近代，才知道蜃景实是一种大气折射光象，并不是反射光象。

我国对蜃景现象的观测很早。在《周礼·春官》中提到的十种大气光象（十辉）内，"想"这一光象就包括了蜃景。意思是蜃景能耐人"遐想"。在战国时，已传说渤海有蜃景。据《史记·封禅书》说："自从齐国的威王、宣王及燕国的昭王（他们大约是公元前四世纪中到公元前二世纪末之间的人）以来，国君往往派人到渤海求蓬莱、方丈、瀛洲三神山。"传说三神山在渤海内，离陆上不远，但船开近就被风吹去。曾有人到过那里，据说山上有仙人和长生不老之药，岛上禽兽等多呈黄色或白色，还有金银建成的宫阙。这些宫阙，在未到达之前，远看高耸入云，到三神山附近，却见它们反在水下，将到达时，却常被风吹散，难以到达。这一段话中，"远见宫阙高耸入云"，事实上是指上现蜃景，"到三神山附近，却见它们反在水下"是指下现蜃景。因此，可证明在战国时，已观测到上现蜃景和下现蜃景。这应当是世界上最早描述上现蜃景和下现蜃景的资料。迄今所知西方最早描述下现蜃景及上现蜃景的，是多米尼加修道士安东尼奥·米纳西，他是在 1773 年记录的，约迟于齐威王、宣王及燕昭王二千多年。他根据观测，将蜃景分为海洋魔加纳（即下蜃）、空中魔加纳（即上蜃）及彩色魔加纳（有色蜃象）。所谓魔加纳（Fata morgana）是指一个叫"魔甘·拉·飞"（Morgan Le Fay）的意大利女巫，传说她是亚瑟王的姐妹，她能在意大利麦西纳海峡（Treit of Massina）从水中建起城堡，以迷惑人。因此，人们称她所造成的蜃景为魔加纳。现在人们用"魔加纳"来表示复杂的蜃景。

《史记·天官书》中指出，"北夷之气如群畜穹闾，南夷之气类舟船幡旗"，"海旁蜃气象楼台，广野气成宫阙"，最后总结说："然云气各象其山川人民所聚积"。说明那时已认识到蜃景不是无中生有，而是以各地实景为基础的。

在上面举出的"海旁蜃气象楼台"一句中，首先将这种折射光象称为"蜃气"。"蜃"是江河湖海中的大蛤（蚌壳），传说蜃景就是这种大蛤吐气而成。但因"蜃"字从"辰"从"虫"，辰在十二生肖中为龙，属鳞虫之长，神通广大，所以就渐渐有人认为蜃景是蛟龙嘘气而生。

我国古代对不同场合下的蜃景，常有不同称呼。例如海市、蜃楼、山市（见于《聊斋志异》）、气映（见于方以智《物理小识》）、水影、旱浪、地镜、城郭气、水市、卤影城（谈迁《枣林杂俎》）、山影（屈大均《广东新语》）、海影翻、壁影（《酉阳杂俎》）等。但称为"海滋"，还是近年来才为气象学界所知。上面不论哪一种称呼，都是指某种特殊条件下的蜃景。例如"海市"是指出现于海区或海岸区的蜃景，还应在蜃景中有人物及城市建筑等。"水市"也有这些类似含义。"水影"指蜃景如水潭，"地镜"是现于地面之蜃景，"城郭气"是具有城郭及人物的蜃景，"山影"是指在山的上方空中出现与此山形状相似的蜃景，"卤影城"是指在盐碱地上出现的城市形的蜃景，"旱浪"、"阳焰"等应指炎热晴日在乱流强烈的气层中见到的晃动不已的蜃景，"海影翻"及"壁影"均指墙壁上见到的侧现蜃景，通过本文前面的分析，可以知道"海滋"是指在渤海湾中所见的伴有"下现倒蜃"的蜃景。由此可见，本节中所举名称，都是指在特指环境下的蜃景名称，并不是蜃景的通称。但是蜃景的通名仍是需要的。用什么名词作为它的通称呢？

长期以来，人们习惯把"海市蜃楼"作为这种光象的通称，但这是不妥的。例如当沙漠区出现这种光象时，人们说："这是沙漠中的海市蜃楼。"意思是"这是在沙漠中出现的类似于海岸上的海市蜃楼的现象"。但如果这样解释，"海市蜃楼"仍不是蜃景的通称，如要将"海市蜃楼"作为通称，则沙漠上的蜃景怎能用海上出现的现象来表达呢？

全国自然科学名词审定委员会 1988 年公布的大气科学名词中，已定名为蜃景，英文名为 mirage，并将"海市蜃楼"作为俗称。"蜃"的本义指"大蛤"或"蛟龙"，它们都是海中或海岸的东西，作为通称似乎也不很适宜。但因"蜃"这个词，是个现代已几乎不用的词，人们已很少追究它生长在哪里。而且"蜃"字自古以来几乎绝大多数用于这种大气折射现象，除了"蜃灰"表示蚌壳粉末，用于干燥剂，以及七十二候中有"雉入大水为蜃"等外，很少再用"蜃"字了。因此，以"蜃景"作为这种光象的通称，是比较恰当的。以此为通称，则蜃景可以作如下分类：

1. 按出现于原物的某一方向来分，则有"上蜃"、"下蜃"、"侧蜃"。"侧蜃"中又可分为"左蜃"及"右蜃"等。

2. 按出现之蜃象与原物的对称情况分，则有"正蜃"、"倒蜃"、"顺蜃"、"反蜃"等。

3. 按出现的蜃景色彩分，则有"彩蜃"、"灰蜃"等。

4. 按出现的地理条件分，则有"海蜃"、"沙漠蜃"、"山蜃"、"湖蜃"等。

5. 按出现的形象分，则有"山川蜃"、"人物蜃"、"城市蜃"（如海市、山市）、"楼台蜃"（如蜃楼）等。

6. 按出现内容之简单与复杂分，则有"简单蜃"、"复杂蜃"等。

7. 按出现的形象变形情况分，则有"变大蜃"、"变小蜃"、"变扁蜃"、"变厚蜃"、"变长蜃"、"变短蜃"、"畸形蜃"等。

由上述分类法来看，则"海滋"是一种出现于渤海的伴有下现倒蜃的海蜃。这个名称是地方性蜃名，其当前使用的地域范围，远比海蜃为小。"海蜃"一词在各个海洋及海滨均可用。而"海滋"一词目前只通行于山东半岛沿渤海一带。由此可见，"海蜃"包括"海滋"。"海市"一词又与"海蜃"同义，这是目前全国各地通用的知识。在此认识下，"海市"应包括"海滋"，"海滋"只是"海市"的一种。这里包括两个含义：一是"海市"一词，并未有上蜃、下蜃、正蜃、倒蜃等限制，而"海滋"一词主要是指在物象或正蜃下相连有倒蜃现象的光象；二是"海市"一词通行于全国，而"海滋"一词仅属沿海蜃景中的地方性蜃名，目前仅通行于山东的某一海滨及海域。由于内容较广，且通行地域较广的名称可以包含内容较狭、且通行地域又较小的名称，所以，从命名学的角度看，"海市"比"海滋"来说是高一级的名

词。因此，"海滋"不能与"海市"作同一级名词看待。

有人曾将"海市"与"海滋"作对比，认为"海市"是指本地不存在的物体在本地显现的蜃景，"海滋"则是本地能目见的物体在本地显现的形状有变的蜃景，这并不妥当。因为"海市"并未规定必须是本地看不见或不存在物体的蜃景，如果仅仅根据一地的认识来规定全国"海市"的定义必须是本地看不见或不存在的物体的蜃景，这显然是不妥的。除非该地区将本地看不见或不存在的物体的蜃景另定一个不叫"海市"的地方性名词，这样才不与全国性的"海市"认识相矛盾。但这种名词，不应当是某个人创造的，应当是从群众使用习惯中产生出来的，我们之所以认为长岛群众中"海滋"一词的名词可用，就因为它出自地方历史性口头用语，而且此名与气象上现存的蜃景名称并无重复或冲突，它仅属地方性蜃名，具有一定的地方性习惯含义。

（原载《气象知识》1990 年第 3，4，5 期）

奇
闻
解
密

万蛙"相亲"之谜

◎ 姜永育

青蛙，一般在春夏之交繁殖，然而 2008 年 10 月，四川省蒲江县鹤山镇团结村却出现了一件怪事：三天的时间里，上万只青蛙聚集在村旁的小河边，热热闹闹地"相亲"交配，并当场产卵生儿育女。

如此大规模的青蛙"相亲"，引起了人们的恐慌和不安：众多青蛙从哪里来？本该在春天繁殖的它们为何选择在深秋繁殖？青蛙的这种反常行为，是否预兆着大地震等自然灾难的来临呢？

罕见的万蛙聚会

10 月 9 日，四川省蒲江县鹤山镇团结村 6 组的村民李克蓉起床后，到门前的河边倒脏水。刚走出家门不远，她便听到前面的小河中传来一阵嘈杂声，这声音有点像鸭群发出的"嘎嘎"声。当时李克蓉并未在意，因为蒲江养鸭的人家很多，鸭群经常在小河中嬉戏觅食，这在当地是司空见惯的现象。

但当李克蓉走到河边，正要倒水时，眼前的景象使她惊呆了：在长约 50 米的河两岸，密密麻麻地聚集了大量青蛙，看上去令人毛骨悚然。青蛙们有的趴在河边水草上，有的沿着河岸往上爬，还有的在水中露出半个脑袋。它们大多两只重叠在一起，正在进行交配；没有找到对象的雄蛙，正在起劲地"引吭高歌"，期待引来雌蛙的青睐和以身相许。看到有人走近，蛙群产生了一阵躁动，有些青蛙很快跑开，而大部分正度"蜜月"的青蛙仍然一动不动，静静地蹲在原地享受幸福时光。

在河边愣了差不多有一分钟，李克蓉才回过神来。这时她又发现了一个奇怪的现象：眼前这些青蛙皮肤的颜色都不是平时常见的绿色，而几乎都呈现金黄色！李克蓉惊恐万分，她快步回到家中，迫不及待地把自己看到的情景告诉了家人和周围邻居。大家跑到河边，亲眼目睹了壮观的群蛙"相亲"场面。

此后两天，青蛙的数量有增无减，据粗略估计，最多的时候青蛙达到了万只以上。此起彼伏的蛙声把团结村6组吵嚷得十分热闹，此时参与"相亲"的青蛙，不再仅是金黄色的蛙，还出现了很多绿色和褐色的蛙。由于以前村里很少有蛙群出现，人们也从来没有见过如此多的蛙聚在一起，因此，万蛙聚会在当地引起了很大的轰动，数十千米外的村民纷纷赶来观看，成都等地的新闻媒体记者也闻讯赶到蒲江采访。然而，热热闹闹的青蛙"相亲"在持续三天后逐渐散去，11月11日，万蛙就消失得无影无踪。村民们来到河边，发现青蛙聚集过的地方，有很多水草被压伏在了水里，河边草丛中，随处可见一堆堆晶莹剔透的青蛙卵。

这些金黄色的青蛙从何而来？万蛙反常"相亲"有着什么样的预兆？村民们议论纷纷，众说纷纭，极度的恐慌和不安笼罩在村子上空。

大地震发生的前兆

"会不会是要发生大地震，青蛙提前报信来了？"面对这种十分罕见的现象，村民们第一时间想到了地震。

5月12日汶川特大地震发生后，几个月来川西龙门山地区一直余震不断，蒲江县虽然距地震中心的直线距离有一百多千米，但每次汶川等地发生余震时，村民们都感到了强烈的震感。较长时间处于紧张状态之中，万蛙"聚会"出现后，人们自然而然地把这种现象与地震联系了起来。按村民们的一般常识，凡老鼠成群出逃，青蛙、蛇等大量聚集都与地震等大灾难有密切关系。而在"5·12"汶川特大地震发生前几

蒲江县良好的生态环境

天，距地震中心汶川县较近的绵竹市曾出现过类似的现象：成千上万只蟾蜍聚集在一起，并不顾车辆和行人的辗踏，奋不顾身地穿越公路。蟾蜍出现后没几天，便发生了特大地震，绵竹市受灾十分惨重。

不过，有关专家在对蒲江县的万蛙"相亲"进行分析后，认为此现象与地震无关。首先蒲江属于成都平原地区，发生强地震的可能性很小；其次，世界各地也屡屡出现过青蛙、蟾蜍大量聚集的现象，但事实证明这种现象与地震之间并无必然联系，而且蒲江万蛙聚会与绵竹蟾蜍大量聚集明显不同：蒲江青蛙聚会的目的是为了繁殖后代，如果有地震等灾难来袭，青蛙是断然没有心情"相亲"交配的。

那么，万蛙聚会的真正原因是什么呢？

生态环境使青蛙大量聚集

"这几年蒲江的生态环境良好，是不是生态改善使青蛙大量繁殖，从而出现了万蛙聚集的现象？"在排除了地震可能后，有人提出了如此观点。

青蛙，属两栖类爬行动物，适宜在气候温暖湿润、生态环境良好的条件下生存和繁殖。它们平时栖息在稻田、池塘、水沟或河流沿岸的草丛中，主要以一些农业害虫为食。从这些条件来看，蒲江确实十分适宜青蛙生存和繁殖。位于成都平原西南部的蒲江县，气候温和，雨量充沛，年平均气温16.4℃，年降雨1280毫米，相对湿度达84%；自1998年国家实行退耕还林还草政策以来，蒲江的生态环境得到了极大改善，全县森林覆盖率达45.5%，被人们赞誉

水塘为青蛙繁殖提供了场所

为"绿色蒲江，天然氧吧"。特别是万蛙聚会的鹤山镇团结村，更是处处绿树成荫，溢绿滴翠，一条常年清澈的小河绕村而过，为动物们的繁殖提供了绝佳条件。在如此美轮美奂的"动物天堂"里，青蛙们如鱼得水，大量生儿育女。平时这些青蛙都"隐居"在农田、河边和水塘里，一到繁殖期便从四面八方爬出来，依靠嘹亮的歌声相互吸引在一起，从而出现了万蛙聚集的现象。

应该说，这种说法科学地解释了万蛙聚集的缘由，但是，本该在春夏之交繁殖的青蛙，为何在秋天便迫不及待举行"婚礼"？这其中有着什么样的奥秘呢？

一场惊雷让万蛙聚会

"会不会是前几天的雷打得太凶，把青蛙们的生物钟打乱了？"联想到9月下旬那场惊天动地的雷暴，有的村民提出了如此看法。

9 月 23—24 日，四川盆地西部出现了一场十分剧烈的雷电天气过程。据四川省防雷中心统计，23 日 15 时至 24 日 12 时，成都、绵阳、广元、德阳、眉山、乐山等地区共发生雷电云地闪击 72092 次，远远超过了历史最高的 59334 次。而在各市中，成都的雷击次数最高，达到了 20771 次。"从来没有见过如此吓人的雷电，"村民们说，"即使是在夏天，雷也从没打过那么凶。"

难道真是雷声打乱了青蛙的生物钟，使得它们错把秋季当春季？事实上，雷声对青蛙的繁殖和交配确实有一定的作用：春天里，雷声滚滚，预示着降水即将来临，而渠满塘溢，青蛙才能有产卵繁殖的场所。在我国南方各省，青蛙 3 月开始产卵，4 月进入产卵盛期——在这一时期，雷电可以说对青蛙的交配起到了一定的"催情"作用。

但仅有雷声青蛙就会交配吗？在四川盆地的许多地方，秋季也曾发生过雷暴天气，甚至在寒冷的隆冬季节，也发生过打雷闪电现象，但却从没出现过青蛙聚会交配的场面。

那么，万蛙"相亲"的真正原因是什么呢？

气温和降水异常是主因

众所周知，青蛙是冷血动物，对温度的要求非常高。春天，天气暖和，万物复苏，青蛙从冬眠中苏醒过来，当气温和水温达到适宜的温度后，它们便开始繁殖。成年青蛙的交配、产卵与气温、水温及水的深度有很大关系。18℃是青蛙最佳的产卵温度，当温度低于 15℃时，雌雄蛙便不再有交配的行为。一般情况下，川西盆地入秋后，气温逐渐下降，青蛙们的活动大量减少，并开始寻找洞穴准备冬眠。

正在交配的青蛙

那么，10月上旬的蒲江县，青蛙们为何出现了异常行为呢？原来，入秋后，四川盆地的气温出现了异常偏高现象，9月蒲江县气温达21.9℃，比常年偏高0.7℃，进入10月，蒲江气温下降仍然缓慢，平均气温达到了18.0℃，比常年同期偏高0.9℃。而18.0℃正是青蛙繁殖交配的最佳温度！

除了气温偏高，降水偏多也促成了青蛙们"相亲"聚会。9月蒲江县的降水为210.3毫米，比常年偏多25%，10月降水也有102.4毫米，比常年偏多50%。这样丰沛而适宜的降水，与当地春夏之交，青蛙大量繁殖时的降水量差不多。正是持续不断的降水，使得蒲江县鹤山镇等地渠满塘溢，为青蛙的大量繁殖提供了绝佳场所。

此外，9月22—26日，四川盆地西部出现的持续性区域暴雨天气，对万蛙聚会也起到了一定作用。特别是23日晚和25日晚，包括蒲江县在内的盆地西部分别出现了两次区域性暴雨天气，其过程间隔仅有1天，为历史罕见，而且伴随强降水天气，盆地西部还出现了有气象记录以来的最强雷暴。

　　生态环境转好，使得青蛙数量成倍增长，而气温偏高、降水偏多、雷暴猛烈等异常气候，使得青蛙出现了错季繁殖现象，这便是万蛙聚会"相亲"的真正原因。但是，蒲江出现的青蛙为何多是金黄色呢？这又是一个难解之谜。

（原载《气象知识》2009 年第 1 期）

火焰山之谜

◎ 姜永育

　　神话小说《西游记》里，有一则唐僧师徒在火焰山遇阻的故事。小说描述火焰山"一片火海，烈焰腾空，鸟儿也难飞越过去"，后来，孙悟空千辛万苦借来芭蕉扇扇灭火焰，师徒四人才得以过山。现实中，真的有火焰山吗？

　　小说里描写的火焰山，在现实世界中是真实存在的，它就是位于我国新疆吐鲁番盆地北缘的火焰山，古书称其为"赤石山"，维吾尔语称为"克孜勒塔格"（意思是"红山"）。

火焰山景区

火焰山的山体全由红色砂岩构成，它东起鄯善县兰干流沙河，西止吐鲁番桃儿沟，全长100千米，最宽处达10千米。外地人来到火焰山，但见这里荒山秃岭，寸草不生，漫山遍野一片赤红；地面上红沙漫漫，尘灰飞扬，常年高温形成的龟裂土地看上去触目惊心。尤其是盛夏季节来到火焰山，在烈日照射下，地面上热气沸腾，"焰云"笼罩，赤褐色的山体反射着灼热的阳光，砂岩熠熠闪光，红艳如火，整座火焰山形如飞腾的火龙，十分壮观。

火焰山虽无《西游记》中描述的那般火热，但它的气温之高、炎热之烈却也绝非寻常。吐鲁番盆地的气温之高在全国众所周知，令人望而生畏，而火焰山更胜一筹，它称得上是我国最热的地方了。据气象观测资料统计，夏季火焰山的最高气温可高达47.8℃，地表最高温度达70℃以上，这么高的温度，很快就能把一枚在沙窝里的鸡蛋烤熟。当地人就经常把鸡蛋放在沙地里，一边晒日光浴，一边享受烤鸡蛋的美味。

不过，火焰山的高温来得快，去得也快。太阳落山后，大地就如熊熊燃烧的火炉一下熄灭了，气温随之剧烈下降。当地民谚"早穿棉袄午穿纱，守着火炉吃西瓜"，很形象地道出了火焰山地区的独特气候特点。

那么，火焰山是如何形成的？它为何炎热难当、酷暑逼人呢？

《西游记》里传说：当年孙悟空大闹天宫时，被二郎神捉住，但任凭刀砍雷劈，都不能伤孙悟空一根毫毛，后来太上老君把孙悟空投入八卦炉中煅烧，希望用炉中真火把他烧成灰末，岂料几十天后，孙悟空不但没有被烧死，反而炼就了一双火眼金睛。他从炉中冲出来后，一脚踢翻了太上老君的八卦炉，并一路打上灵霄宝殿，将整个天宫再次闹得天翻地覆。

孙悟空大闹天宫不打紧，打紧的是人间也跟着他的打闹遭了殃：炉中炭火被打翻后，落入了我国吐鲁番地区，炙热的火炭在崇山峻岭间熊熊燃烧，形成了举世闻名的火焰山。

除了上述神话，在当地还有一个民间传说：吐鲁番地区原是一个十分富饶的鱼米之乡，人们勤劳耕种，过着衣食无忧的生活。然而有一天，一条火龙窜到这里，经常骚扰百姓。它一来到，就会使森林着火，庄稼被烧，人们忍无可忍，一致推举当地的一个神箭手去射杀火龙。神箭手与火龙展开追逐大战，经过七七四十九天，用了九九八十一支神箭，才将火龙双眼射瞎。瞎眼火龙坠入地下后，很快就化成了一座熊熊燃烧的大山。这就是今天的火焰山。

传说当然不足信，那么，火焰山形成的真正原因是什么呢？

其实，火焰山的形成经历了漫长的地质岁月，它跨越了侏罗纪、白垩纪和第三纪几个地质年代，在经过了上亿年的风蚀、沙化、雨浸，特别是在长期的高温干旱侵袭后，才形成了今天的地貌格局。

火焰山之所以异常酷热，与其所处的地理地形条件密不可分。首先，吐鲁番盆地是我国海拔最低的地区，有的地方海拔甚至低于海平面。而其四周高山环绕，高大的山体阻挡了气流的进出，白天，在没有气流下沉的情况下，该地区空气流通不畅，特别是火焰山一带经常处于无风或风力微弱状态，因而热量无法散失；其次，吐鲁番盆地是典型内陆气候，干燥少雨，天气晴好，太阳照射时间长，再加上地面植被稀疏，地层表面多为易吸热的砂石层，因而，该地区在太阳的炽烈照射下，升温很快，温度明显高于其他地区。再加上火焰山山体通红，更给人的心理上增加了炎热之感。

火焰山上虽然高温难耐，寸草不生，生命在此难以存活，但令人们没有想到的是：在这"燃烧"的地底下，却有着丰富的地下水资源。而火焰山的山体，就像是一条天然的地下水库的大坝。正是它的存在，使得地下水库的水被囤积起来，养活了附近几个地区的众多生命。

这到底是怎么一回事呢？

原来，在离火焰山较远的地方，有一座座冰雪覆盖的大山，这些雪山上的冰雪融化后渗入地下，并顺着戈壁砾石一路流淌。当这些地下水流到火焰山地底下时，遭遇到了火焰山的阻挡，因为构成火焰山的山体十分厚密，不易被水渗透，于是地下水便在这里被囤积了起来。随着水位逐渐抬升，地下水慢慢溢出地面，在山体北缘形成了一个潜水溢出带。在这里，甘爽清凉的泉水多处流出地面，滋润了鄯善、连木沁、苏巴什等数块绿洲，从而也造就了这一带的生命。

（原载《气象知识》2009 年第 4 期）

武夷悬棺之谜

◎ 韩士奇

从福建武夷山星村乘竹筏，沿着溪水澄碧的九曲溪，在尽情饱览两岸武夷秀色的同时，仰首可见在那飞鸟不敢渡、猿猴难攀援的悬崖绝壁上岩洞中有些像船形的木棺，这就是古老神秘的"架壑船棺"，又称"悬棺"。

"架壑船棺"究竟是何物？为何历经千年风吹日晒而不朽？自古成了一个谜。特别是小藏峰的一具悬棺，当夕阳斜照时，熠熠生辉，更使人感到神秘莫测。民间传说远古时九曲溪遥接银河水，仙人追波逐浪游遍十洲八极，后来因乘风飞上九天把舟船遗留人间，于是取名为"仙人

船"。人们还称悬棺为"仙舟"、"仙人屋"、"沉香船"等。清代曾有学者推断说，仙舟就是方舟，正如《圣经》里所说的诺亚方舟一样，是盘古时代留传下来的。

武夷悬棺内究竟葬的是什么人？属于何种民族和部落？据考古学者介绍，先秦以前，武夷山一带聚居着少数民族古越族人，他们崇拜蛇的图腾，散居于溪谷边，善用舟，不论在生产和日常生活中，船成了他们不可缺少的工具，把船看成最珍贵的财产，用船安葬死者，被看成是隆重的礼仪；他们还认为，棺柩放得越高，灵魂越易升天，因而将船形棺柩置于高高的悬崖，以企求死者在幽冥中继续享用生前之物，避免遭到野兽侵袭、人为损毁，久而久之，形成了一种独特的葬制。昔人诗云："岂有仙人骨，梯悬万仞船。夜闻仙乐动，缥缈玉云边。"就是对这种葬俗的生动描述。

我国最早文字记载武夷悬棺是在南朝时期，当时奉使入闽的顾野王写道："建安有武夷山，溪中有仙人葬处。"宋代类书《太平御览》卷47引《建安记》说，武夷山"半崖有悬棺数千"，这数字似有夸大之虞，但说明这里悬棺较多。南宋大哲学家朱熹对武夷悬棺发出感叹："三曲君看架壑船，不知停棹几何年？"（《九曲棹歌》）。明代旅行家徐霞客为探寻武夷悬棺奥秘，于1616年2月23日只身系绳从小藏蜂顶徐徐而下，爬进岩洞探看船棺，并在日记中写道："大藏壁立千仞，崖端穴数孔，乱插木杙如机杼。一小舟斜架洞穴口曰：'架壑舟'。"武夷悬棺年代久远，堪称"船棺之源"。目前我国江西贵溪仙水岩，四川珙县麻塘坝及广西、湖南等交通不便、人迹罕至的悬崖悬棺，都与武夷悬棺相似，学者们普遍认为，各地岩棺葬制的发源地是武夷山。

为了解开悬棺之谜，福建考古队于1978年在武夷山观音崖上，用升降机取下一具完整的船棺，并进行考古分析。经中国科学院对其进行

碳—14年代测定，此棺为3800年前的古棺，属于夏代晚期遗物。这具船棺内有男尸骨骸一具，还有大麻、蒙麻、丝绢、棉织品，尸体用竹席衬裹，头枕以棕团。棺木制作工艺独特，是用整根武夷楠木刨空而成，中间宽、首尾窄，成棱形，恍惚如船篷。武夷楠木内含楠木油，质坚硬，防蛀能力较强。加之存放船棺岩洞口朝西北，外大内小，使棺木免遭雨淋，另外，岩洞干燥通风，温度、湿度相对稳定，这是悬棺千年不朽的主要原因。

船棺虽已重见天日，但在科学不发达的远古时代，是如何把这些庞然大物置于百丈高崖之间，这是悬棺另一个难解之谜。从20世纪40年代起我国学者纷纷展开揭示悬棺之谜的研究，有人设想，当时武夷山是一片汪洋，人们只要用船把棺柩运至岩洞口，稍微提高，就把它放入岩洞，后来地质运动、水位降低、山峰突起，船棺就置于绝壁上，这种说法，很快被否定。因为三四千年中，武夷山地区不可能发生这样大的变化。也有人设想，古人是凿石孔、架栈道进入岩洞，但这些石壁并没有发现凿孔的痕迹，即使架上栈道，连人行走都十分困难、危险，更谈不上抬棺柩上岩洞了。近年，上海同济大学古机械专家陆敬严副教授等人提出"吊装假说"，即古人先在山顶稍平处选一个支点，安上简单木制机械，将两个人先吊入洞内，再把棺柩吊到岩洞口，洞内的人把棺柩拉入洞中。1988年6月，上海同济大学与美国加州大学圣地亚哥分校中国研究中心的专家合作，在江西贵溪仙水崖进行现场仿古吊装试验，将一具重150千克的棺木吊进距地20多米高的岩洞，为揭示悬棺之谜作大胆探索，轰动一时。其实，据《武夷山志》记载。四五百年前，曾有贪财者冒险盗悬棺，"削竹签插岩壁，从下攀援而上"，还有人"从山顶设辘轳缒险而下"，据此推断，古人安放船棺，可能使用了原始机械将船柩吊运至岩洞口。然而"仿古吊装说"也只是一种假设，试想在三千多年前要造那种吊架实属不易，何况有的山峰本身四周都是陡峭绝壁，人爬到山顶都已极其困难，更何况再安装吊架呢!

　　悬棺是举世闻名的千古之谜，世界文化史上的一个奇观。1962 年，我国考古学权威、诗人郭沫若畅游武夷山时曾写诗吟叹，"船棺真个在，遗蜕见崖陬"（《咏武夷》）。人们询之谜底如何，他也只是幽默、谦虚地笑而不答。至今，武夷悬棺之谜还有待人们对它进一步探索研究。

（原载《气象知识》1997 年第 2 期）

红树林自述

◎ 苏淑英

　　说起我"红树林"，这是一个多么好听的名字啊！但是，知道我的人恐怕不是很多吧。然而，2004 年年底印度洋海啸后，专家们在探讨其灾难时指出，假如东南亚红树林保护完好，海啸死亡人数将大大减少。他们说，抵御海啸最好的武器是什么？除了积极加强预警系统建设外，从人和自然和谐关系法则来说，人类对海啸进行的各种防护不如恢复红树林。由此使得知道我的人多了起来。

　　您是否想知道我究竟是一种怎样的植物呢？长期以来，人们对我又是怎样的呢？我就一一向您们道来。

红树林

我是一种特殊的植物

首先，别以为红树林就是红叶树，我的叶子不是红色，而是绿色的。其实，我全年碧绿青翠，涨潮时，我被海水淹没，或者仅仅露出绿色的树冠，仿佛在海面上撑起一片绿伞。潮水退去，林片全露，我就像一张巨大的绿毯铺在海滩上。"红树林"名称的由来是源自于我的树皮及木材呈红褐色，树皮可以提炼红色染料。马来人于是称我的树皮为"红树皮"，而中文名称则叫做红树。

我是热带、亚热带地区的河口、海岸沼泽区域的耐盐性常绿灌木或乔木树林，是陆地过渡到海洋的特殊森林，因随潮水涨落而出没，故有"海上森林"、"海底森林"和"潮汐林"之称。而且我是世界上最富生物多样性、生产力最高的海洋生态系统之一，与珊瑚礁、上升流、海滨沼泽湿地并称为世界四大最富生产力的海洋生态系统。

别看我倚海而生，随潮涨而隐、潮退而现，好不自在。但是，我的生存环境却是变化剧烈的。确切地说，我生长在热带、亚热带海岸，经常遭受潮汐海水的浸渍和风浪的冲击，因土壤淤泥致密而缺氧，因土壤盐度和海水盐度高而出现生理性干旱现象。对于像我这种高大的植物来说，要在软软的、漂移的泥地上固定不动；另外，软泥里面氧气不足，还要想办法呼吸空气，这是多么困难的一件事！因此，我在与环境的相互作用和漫长的演化过程中，形态和结构逐渐与环境相适应，所形成的特殊形态和结构在抗御不利环境、增强自身生存能力方面就起着十分重要的作用。

我的独特的生存方式主要表现在：独特的胎生苗繁殖、排盐保水的叶片、多功能的支持根与呼吸根。

我有强大的根系

我有呼吸根、地下根与支持根等不同的根系。我的根系有四个特点：一是多；二是扎得深；三是铺得远；四是地下地上都有。特别是地上的根，有的像把半撑开的伞骨，有的像个鸡笼罩。这些根系除了作为营养器官以外，还有两个重要作用：一是加强了树干在泥滩上的稳定性，不怕风吹浪打；二是地面上的气根和地下的根系可以互相交换气体，不会因陷于污泥缺氧而窒息。这些支柱根像支撑物体最稳定的三脚架结构一样，从不同方向支撑着主干，使得我红树风吹不倒，浪打不倒，从而对保护海岸稳定起着重要的作用。例如，1960 年发生在美国佛罗里达的特大风暴，虽然使得沿岸的我红树毁坏几千棵，但是连根拔掉的很少，主要的毁坏仅仅是刮断或因旋风作用把树皮剥开。

支持根是从树的主干长出，悬垂向下再深入软泥中，而支持根本身还分支成更多的支持根，最后形成连续向四周延伸的"根盘"，外形有点像蜘蛛的长脚。支持根除了用于支撑，也兼具呼吸的功能。

地下根则是适应缺氧沼泽所发展出的另一种特殊根系，由主干分出，在地下形成放射状的横向伸展，非常利于氧气与水分的吸收。

呼吸根的功能和地下根相当，它的通气组织很发达，在表皮满布皮孔，以便空气进出。

我有良好的泌盐功能

我生活在海潮之中，还必须具备脱盐的生理功能，就是能够从海水中吸收营养物质，又能把多余的盐分排出体外。为了适应这样的环境，我发展出各种具有不同应变结构的叶片。我的叶子厚实，如皮革般，可以反射阳光，减少蒸腾，防止不必要的水分散失。叶背有茸毛，有阻止海水侵入的作用，也可以防止水分蒸发。叶部还具有盐腺，可以聚集盐分并把多余的盐分排出去；另外，我可以利用落叶的方式，把体内多余

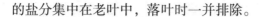

的盐分集中在老叶中，落叶时一并排除。

我有独特的繁殖方式

"胎生"似乎是属于动物的专有名词，然而我也有这种独特的繁殖方式。这是因为在极度缺氧与盐度高的沼泽软泥上，既不适合种子发芽，也不利于幼苗的生长，所以我就发展出先发芽、后落地生根的繁殖方式，以克服沼泽地的恶劣环境。所以被称为"胎生植物"。

我的种子成熟了，不从树上脱落。包藏在果实体内部的胚芽开始发育，渐渐地变为带有胚茎的"笔状胎生苗"；胎生苗从红树"母体"中吸收营养，并利用胚茎上的皮孔呼吸，继续成长到成熟可脱离"母体"时，胎生苗同果实一起从"母体"树上掉落，借助自身的重力作用，尖尖长长的"笔状胎生苗"像一个小椎子，直直落下并插入软泥中，开始发根且长出新叶，展开生命中的新页。如果种子落在潮水中，由于胚轴中有气道，比海水轻，可以随水漂流，远播他处，历经两三个月也不会死。这些胎生的小苗万一在第一次落下时运气差一点，没有插入泥中，也能乘着潮水，漂流他方，重新落地生根。这些胎生苗的内部具有间隙组织，饱含空气，因此，比水轻，可以在水面漂流数月，胚茎表皮还含有不好吃的单宁酸，可以避免软体动物及甲壳类的侵袭，因此，这样的植物可以播迁远方，而广布于全世界的热带、副热带地区。

当然，我对生活环境也是有一定要求的。凡是风浪比较平静，污泥比较深厚，而且有潮水淹到的地方，是最适合于我生长的。此外，在大江大河两岸，潮汐能到达的地方，倘若终年无霜，年降雨量多于1000毫米的话，也比较适宜于我的生长。至于面临广阔海岸的沙滩或海中的珊瑚礁，那是不适于我生长发育的。

目前全世界我红树林面积约为1400万公顷，分布集中于赤道两侧南北纬0度至25度之间。世界上最大的红树林位于孟加拉，面积广达一百万公顷，其次为非洲的尼罗河三角洲，面积为七十万公顷。中国分

布在海南、广东、台湾、福建、广西、浙江等省、区，北起浙江瓯江口，南至海南岛。海南岛一带是中国红树林最多的地方。

我对人类的价值

特殊的生理形态造就了我特殊的功能，对人类有着非常大的价值。

※ 阻滞海潮，减少海浪冲击，起到护堤护岸的作用，是沿海防护林体系的第一道防线。

※ 为滩涂提供有机碎屑物的主要生产者，具有促淤、改良沙滩的功能，有利于开发沿海土地资源。

※ 我多生长于风浪平静和淤泥深厚的海滩上，枝叶茂密，浓荫密布，有多种浮游、底栖海洋生物生活其间，又能过滤陆地上排出的有机物质和污染物，具有净化水质的功能，是海洋生物栖息繁衍后代的天然场所，有利于渔业生产的发展。

※ 我枝叶浓密，林内有丰富的食饵，是鸟类生息的良好环境和场所，是海陆生态系统的纽带。

※ 我的木材可作为用材或薪柴；叶子可做肥料或饲料；有的果实经过浸泡，可供食用或药用；树皮含有丰富的单宁，是重要的工业原料。

※ 我的生物种类繁多，群体结构、生态组成及其物质循环和能量交换都非常复杂，是开发海洋的天然实验室。

※ 我还可形成生机勃勃的热带海岸风光，为人们提供旅游休闲的场所。

我在沿海辽阔的滩涂上，任凭风吹浪打，不怕海水浸渍，像威武的战士，犹如一道绿色长城，能抵抗猛烈的风浪冲击，保护海岸护堤，因此，常被人们称为"海岸卫士"。

因为有我的保护，一些海啸、台风发生地的人们幸免于难，历史上不乏其例。比如，1958年8月23日，福建厦门曾遭受一次历史上罕见的强台风袭击，12级台风由正面向厦门沿海登陆，随之产生的强大而凶猛的风暴潮，几乎吞没了整个沿海地区。但在离厦门不远的龙海县角尾乡海滩上，因生长着高大茂密的我红树林，结果该地区的堤岸安然无恙，农田村舍损失甚微。1986年广西沿海发生了近百年未遇的特大风暴潮，合浦县398千米长海堤被海浪冲垮294千米，但凡是堤外分布有我的地方，海堤没被冲垮，经济损失就小。显然，我作为中国南方沿海防护林体系建设的一部分，不仅可以预防台风的侵袭，减轻海啸、风暴潮的危害，而且这种御风消浪、护堤护岸的功能，更是工程措施所无法取代的。20世纪40年代，福建龙海县归侨为家乡人民买了一艘日本旧军舰挡潮，结果没有几年便被海浪冲歪，但红树林堤岸却安然无恙。

我的生存状况实在令人担忧

自古以来，与我红树林沼泽地相连的岸边都是人们聚居的地方，他们利用我提供的自然资源而生存下来。然而，我的生存状况实在令人担忧。

东南亚是我的重灾区。比如，印度尼西亚原有红树林250万公顷，1969年后的短短10年就有79万公顷变成了稻田和养虾塘，到2000年又有50万公顷红树林被农田取代。

在中国，我也没有摆脱被人们破坏的命运。据统计，新中国成立初期，中国的红树林资源总量超过5万公顷，目前仅存1.5万公顷左右，

50年中红树林面积减少了70%。

广东过去曾有3万多公顷天然红树林，而现在仅存不到0.7万公顷。即使在适宜红树林生长的台山市，现有的红树林湿地也只有20世纪50年代的9.3%，为378.5公顷。阳江市20年前全市红树林面积有4000公顷，但到了本世纪初仅剩622公顷。

福建厦门在20世纪50年代还有333.5公顷左右的红树林，目前只剩下33.25公顷左右，其中天然红树林不足13.34公顷。

究其原因，完全是人们的"短视行为"造成的。多年来，在海洋养殖业和旅游业高额利润的驱动下，围海造田，围滩（塘）养殖和码头与道路的建设，大面积砍伐我红树林，圈取我红树林湿地；其次，由于当时对我的管理部门不甚明确（林业部门以为是海洋部门管，海洋部门以为是林业部门管），造成我红树林湿地保护和管理方面出现盲点，使得我的湿地面积锐减。特别是在《海洋环境保护法》和《国家海域使用管理暂行规定》颁布实施多年的今天，有些人无视国家法规，急功近利，仍然在大片地砍伐我红树林，包括几个国家级红树林自然保护区都遭到不同程度的砍伐破坏。广西全区原有红树林22387公顷，到1993年仅剩5654公顷，已列入《中国湿地名录》。国家保护的重要湿地之一的福建龙海红树林保护区内，1998年龙海市政府未经保护区主管部门批准，上马一项耗资2500万元的围垦工程，围垦面积460公顷用于搞养殖，这将危及约33公顷红树林的成活。

此次印度洋肇因于地震的海啸浩劫，集中造成港口、商埠和旅游胜地的毁灭性灾害。这些地区的我红树林都遭到过很大程度的破坏，这深刻地告诉人们，对于现代人口高度集中的沿海都市，海岸带生态环境的破坏已成为台风、海啸侵袭的安全隐患。

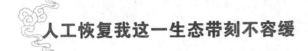

人工恢复我这一生态带刻不容缓

因此，要善待我红树林。显然，我作为中国南方沿海防护林体系建设的一部分，不仅可以预防台风的侵袭，而且可以减轻海啸的危害。难怪许多群众称我是他们的"保护神"，这是他们从切身利益中感受到的。人无远虑，必有近忧。人工恢复红树林这一生态带刻不容缓！这已经引起了有关方面的高度重视。

厦门市政府将沿海红树林恢复工作写入了2004年政府工作报告。

在全面调查的基础上，广东省林业调查规划院完成了《台山市沿海红树林湿地恢复与重建工程总体规划（2004—2010年）》（草案）。根据该草案，至2010年，台山市红树林林地面积将达1969公顷，恢复至20世纪70年代初的一半。2005年年初，广东省两会期间，阳江代表建言，红树林的恢复工作要由政府有计划地投入一定资金，让专门机构负责，研究和种植优良品种，开展对群众特别是海岸沿线村民、养殖业主的宣传教育，使社会形成自觉保护红树林的良好氛围。

此外，在湿地管理方面，林业部门呼吁加强建章立法，建议通过立法形式，明确湿地的概念和范围、主管部门、管理规定等，为红树林湿地保护管理提供强有力的法律保障。

我红树林是大自然馈赠给人类的一笔非常珍贵的财富，如果因单方面追求经济效益，而忽略了对我这个海岸带生态系统的保护和建设，那是一件很危险的事情。正如一位生物学家所言：当一个物种高度进化到凌驾于其他物种之上时，也就是这个物种行将覆灭之日。又如英国学者

亨明所说的：人类给地球造成的任何一个灾难都莫过于如今对森林的砍伐。因此，人类必须重新审视人与自然的关系，从"地球属于人"的误区，回到"人属于地球"这一正确观点上来。

"灭绝意味永远，濒危则还有时间。"抓紧时间，救救我红树林，救救地球上与人类有关的一切生灵，这实际上就是拯救人类自己！

（原载《气象知识》2005 年第 6 期）

奇景解读

中国第一条沙漠公路

◎ 朱瑞兆

新疆塔里木盆地腹地叫塔克拉玛干沙漠，意为"死亡之海"。但这里地下有丰富的油田，沙漠公路是通向这个油田的唯一陆上要道。

1994年10月，我有幸踏上参观塔克拉玛干沙漠腹地的旅途。由乌鲁木齐乘汽车穿天山到天山南出口"铁门关"。铁门关的景象，唐代著名的边塞诗人岑参《题铁门关楼》诗曰："铁关西涯，极目少行客，关门一小吏，终日对石壁。"另一首《宿铁关西馆》诗曰："……塞迥心常怯，乡遥梦亦迷，那知故园月，也到铁关西。"诗人描绘的昔日荒凉情景，今日已荡然无存，但关口雄风犹在，仍有一夫当关、万夫难敌之势。通往南疆的公路开山劈岭从其侧面通过。

过铁门关十几千米就是塞上新兴的城市——库尔勒。没有到过这个城市是想象不到她的美丽的。孔雀河贯穿其中，城市布局合理，整洁协调，高楼林立。10月底的天气与北京无大差异。交通方便，有直通北京的火车、飞机。是一座走向现代化的城市。

由此再西行100多千米是著名的轮台。唐代岑参有"君不见，走马川行雪海边，平沙莽莽黄入天。轮台九月风夜吼，一川碎石大如斗，随风满地石乱走"。且不去考证昔日轮台9月的风是否大到把碎石吹得乱走，反正现代尚未出现那么大的风，轮台1961—1990年最大风速仅21米/秒，是8级风的上限，经计算百年一遇的极值也仅为23米/秒。

由库尔勒到轮台是沿着沙漠的边缘行进的。在塔里木河的北岸，一路上有一大片一大片的胡杨林。胡杨林是沙中"豪杰"。世界上95%的胡杨林集中在塔里木盆地。它的兴衰证实着干旱和沙漠化的加剧或减缓。胡杨树可几百年不死，死后几百年不倒，倒后上百年不朽，所以它是研究气候变化极佳的年轮样本。在新疆的年轮气候中，胡杨树具有重要的地位。

轮台南面由"塔指"（塔克拉玛干石油指挥部）新建了一个区叫轮南，这是进沙漠前的"驿站"。车要加油，人要喝水吃饭，否则进入沙漠几百里荒无人烟，一切困难都无法解决。

从轮南南行几十千米过塔里木河，河宽100～200米，有浮桥通过，河水清凉，两岸胡杨林已长红叶，别有风光。约再行76千米便到肖塘，这是沙漠公路"0"起点。真正进入浩瀚流沙中以后，就是"天连沙，沙入天，黄沙万里绝人烟"。沥青公路像一条黑色的"巨龙"，从流沙中伸展。公路两侧流沙靠芦苇固定。随着沙丘的高低，固沙芦苇也上下起伏。

固沙芦苇是把芦苇埋在沙中，做成小方格，大约每平方米4～6个小方格。公路东侧的小方格伸展约50米，西侧约30米，这是根据盛行风向而定的。这里全年盛行东北风。冬季在蒙古高压控制之下，每当冷空气爆发，受天山的影响，气流绕过天山东侧后又成为东北风进入塔里木盆地。春季，蒙古高压已大大减弱，高空西风气流沿天山南麓东进，在天山东端，成反气旋气流转向偏东。夏季，印度低压北侧深入到南疆，风向主要受局地环流支配，以偏东为主。秋季，西风气流由帕米尔北进入南疆后，受塔里木盆地影响而变性，因而风速小而稳定。就全年来说，东风远多于西风，这就是公路两侧固沙范围伸展不同的原因。为了进一步防沙，又在小方格外面竖立了防风墙，墙高1米多，有的用芦苇，有的用尼龙布，芦苇方格好比给沙丘穿上了盔甲，防风墙则给流沙筑起了"长城"。

沙漠公路的沥青路面工程也不一般。它是先将沙子推平，轧实，在上面铺上一层由尼龙袋装的沙袋，再将由几百里外运来的石子铺一层，上面再浇沥青。全长219千米的沙漠公路修了3年多，工程量之大，运输条件之差，筑路人的艰难困苦可想而知。

沿着平坦的沙漠公路行进，不久可见到一些胡杨和沙蒿，据说是塔里木河的古河道。在这里见到一点带绿色的植物，都使人很兴奋，会情不自禁地盯着看，像小伙子见到美丽的姑娘似的，直到回头看不见为止。莽莽沙漠万里无云。秋天的阳光已不十分灼人，攀上沙丘，夕阳晚照，似乎大自然给了我们一点慰藉。在沙漠公路建成之前，汽车行走在沙地上，这219千米的路程要走几天，即使都用进口汽车，有的车也是开不到沙丘顶就爬不上去了。

沙漠中沙子细如玉米面，建筑上所需用的沙子还要靠外面运到这里，俗语说，"靠山吃山，靠水吃水"，可是靠沙却什么都用不上。可就在这茫茫的沙漠之下，有着丰富的石油。

沙漠公路尽头是一块平坦的地面，叫塔中。从地图上看位于塔里木

沙漠公路

盆地的中心区，正是塔克拉玛干的中心，塔中的名字真是名副其实了。

沙漠公路为"塔指"专用线，通过此线必须经"塔指"同意，这里一切设施为"塔指"所有。塔中没有不与石油有关的人。参观的人也不少，都是"塔指"安排的。吃的是自助餐，工作人员亦如此。住的是像集装箱一样的房子，一个连一个。这里很少下雨，防雨是很次要的，防风沙和防热是主要的。因为这里每年的沙尘暴日数有几十天。所以，集装箱式的房子窗子很小，仅 $30 \sim 40 cm^2$，双层玻璃。把两排房子之间的空道封上顶，就成了走廊。这一片房子都是相通的，内有食堂、小餐厅、卫生间。这里夏季气温可达 40℃ 以上，冬季可冷到 -28℃，所以每间房子都有空调。

留宿在塔中，清凉的夜晚，濯洗了旅途的疲劳，感到一种清幽之气，沁人肺腑。夜登沙丘，万籁无声，城市里很难有这种寂静。在这浩瀚的沙海里，只有群星闪烁。沙漠变幻无穷的图案，使人流连忘返。这里的人们连同他们的沙漠公路默默地为祖国的石油事业作出贡献。石油工人说得好："只有荒凉的沙漠，没有荒凉的人生！"

（原载《气象知识》1995 年第 3 期）

埋不掉的"月牙泉"

◎戈忠恕

在敦煌城南 10 千米处，绿洲边缘的沙丘中，有一月牙形的泉水，这就是驰名中外的"月牙泉"。它与沙漠相伴为邻，像一弯新月落在这里，泉水清甜澄澈，在沙丘的环抱中躺了几千年，却依然碧波荡漾，水声潺潺。

月牙泉有许多解不开的谜，清泉为什么形似月牙？又为什么湖水从未干涸，也从未被流沙所埋？远古的人们解不开这些谜，却以丰富的想象创造出优美的传说。

相传在很久以前，敦煌一带是一望无际的茫茫大戈壁，在三危山麓

月牙泉

只有很小的一块绿洲，人们就在这里繁衍生息。有一年大旱，井水干涸，树木枯死，庄稼地干得冒烟，人们干渴难忍，不禁放声悲哭。就在这时，白云仙子在天空飘游看到了此番情景，十分同情。但是，没有龙王的旨令和雷公电母的相助，她也没有办法为人们降雨，只好伤心地落泪。哪知银光闪闪的泪珠儿落在地上聚成了一泓清泉。泉水汩汩流淌，润湿了土地，枯树绿了，庄稼青了，人们脸上也露出了笑容。

大家为了感谢白云仙子的恩德，称她为白云菩萨，在泉边修了座很壮观的庙宇，并为她塑了金身。庙宇落成，大家都来烧香，一时间门庭若市，好不热闹。这样，对面的神沙观里便断了烟火。从西天游玩回来的神沙大仙一看门庭冷落，顿生妒意："沙海乃是我的地方，你白云仙子逞什么能？走着瞧吧，看谁厉害？"神沙大仙走近泉边，抓起大把沙子一扬，喝声"起"，只见平坦的戈壁滩上，猛地长起一座大沙山。沙山把泉水包围在其中，泉眼就越来越小，水也越来越少。人们的叹息声重又生起。白云仙子闻讯赶来，一看到大沙山，便知是神沙大仙嫉妒她所致。但仙子在别人的地盘上，又不好说什么，低头沉默了片刻，便去找嫦娥仙子帮忙。嫦娥仙子决定拿月亮去与神沙大仙斗法。但是时值初五月亮还未圆，为了解救受旱的人们，也只有将初五的新月给了白云仙子。白云仙子手捧着弯月，兴高采烈地返回，便把月亮摆在大沙山前。眨眼之间，它变成了一座形如弯月、碧波荡漾、清冽莹澈的活水泉，这便是如今的月牙泉。

月牙泉的形成，还有各种传说。据《大明一统志》说，汉朝大将李广利征大宛（古代西域国名，在今俄罗斯中亚费尔干纳盆地，汉唐时和中国关系密切）返回时，军马驻扎于此，感到干渴难受。李广利便"引刀刺山，有泉涌出"。这当然不足为信。也有人认为是风蚀洼地而形成的湖泊。现经科学家们实地考察后认为，月牙泉本是党河河湾，并非孤立的湖泊。由于党河改道，残留的河湾脱离了现在的党河，才成为

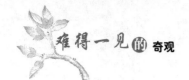

一个单独的水体。它之所以能在阳光照射引起强烈蒸发下而不干涸，是因为它在地形上和三危山大断层的东北走向一致，丰富的党河地下潜流源源不断地补充到泉内。尽管月牙泉的周围沙丘累累，且蒸发如同抽水一样，但其水量仍能保持动态平衡。又由于月牙泉夹在两座金字塔形沙山之间，沙山相对高度100米以上，最高处达170米，南山北坡凸出，北山南坡凹进，由此决定了泉的月牙形状。同时，泉区风的运动也很奇特，如泉外刮西北风，风从谷口进入泉区后，由于特殊地形的影响，风向被加速分成东南北三股，沿着泉水域四周的山坡作离心上旋运动，把坡下的流沙往上刮，抛向山峰另一坡面，刮其他风向的风也是这样。因此，不会有沙的大面积移动，所以月牙泉不会被沙丘填没，湖水的位置也不会像沙漠中的其他河流和湖泊一样飘移不定。

但是自20世纪70年代以来，月牙泉也发生了一些变化，泉周围的沙山变形，南山北坡、北山南坡下滑，山体向泉心移动，月牙泉日益缩小变形，水位也有所下降。科学家随后进行了考察，认为：造成南山北移、北山南移的主要原因是人为改造环境所致。如泉区现有大面积的杨树林是20世纪60年代以环丘造林的形式栽到鸣沙山北迎风坡脚的，治沙造林结果反而破坏了月牙泉本身的沙水共存的环境条件。为此科学家们建议：将月牙泉里的树木伐掉；将东西风口临时的建筑设施拆除；北山坡脚建1.7千米的围栏，禁止游人蹬滑等。此建议从1992年5月实施以来，泉北沙山已增高4.2米，泉区环境明显改善。

（原载《气象知识》2001年第5期）

安西"风库"与"瓜州"

◎王德民

在我国西部，许多人文传说都与当地的地理气候特点有着一种异乎寻常的联系，也许这些传说正是人类在探求自然的进程中对那些难以索解的奥秘所作的最初解释。这些表述使一个地方的名称有了更加贴近自然的含义。比如，被称为"瓜州"和"风库"的甘肃省安西县就是一个很好的例子。

安西位于河西走廊的最西端，自古以来就是东西交通及中外文化交流之要径。唐武德五年（公元 622 年），此地正式设置州府，名"瓜州"。据史籍记载，原产于非洲沙漠后传入中东印度等地的野生浆果由商贾之旅带回，最先在今天的新疆、安西等地种植。张骞出使西域以后，安西蜜瓜更加闻名遐迩。《汉书·地理志》记载，"古瓜州地生美瓜"。西晋《广志》曰，"瓜州大瓜，大如斛""甘胜糖蜜"。显然，"西瓜"和"瓜州"之名都是由此而来的。

分析一下安西的地理气候特点，你就会对"瓜州"的名字有更深刻的理解。这里的沙性土壤非常适合沙漠原生植物生长，"沙盖碱，刮金板"的谚语就很能说明问题。而且这里与祁连山雪峰遥遥相望，地下水资源丰富，地面上疏勒河、榆林河经年不息。根据安西县气象站有资料以来的统计，这里年平均日照时数达 3160 小时，昼夜温差15℃以上，年平均降水量约 54 毫米。这些气象条件十分

有利于瓜的生长和糖分的积蓄。有了这些条件，安西的各种瓜果之香甜味美，自然可想而知。

"瓜州四月八，

布谷啼恰恰。

回看紫陌上，

无处不点瓜。"

这首从古代流传至今的小诗可以充分展示"瓜州"曾经的繁盛和富庶。从古代安西的城郭——今天的"锁阳城"遗址可以猜测，汉唐乃至五代的时候，这里应该还是一片绿洲。从对境内的风蚀地貌的研究中，科学家们还发现，古代耕地遗迹比现在安西县总耕地面积还要多十几万亩，一些风蚀台地至今还保存着完好的汉唐水利遗迹，渠道分水闸随处可见。然而沧桑易变，不知从何时起，安西又有了"风库"的称谓，与"瓜州"的美名大相径庭。

那么，安西为什么被称为"风库"呢？

翻阅典籍，我们没能找到这个称谓的确切来由，却看到了一段与瓜有关的传说：很久以前，传说西王母在瑶池宴请西游的周穆王，命一个仙女前往瀛洲仙境采摘蜜瓜。在回来的路上，仙女不小心踩着了自己的绿绦丝带，盛有蜜瓜的水晶盘子掉落到凡间。仙女害怕王母责罚，便下界做了凡人，并和一位农民成了亲。没想到这块落下了玉盘和仙瓜的土地，得仙界灵气，吸日月精华，蜜瓜从此声名远播。王母闻之后大怒，命风神四季滋扰，让这块地方永远遭受大风的劫难。

这样的传说想来是古代劳动人民不能理解风的来由而演绎出来的，因为安西自古就有"瓜州风起，飞沙走石，昏天暗地""风沙值日，迷踪者众"等记载。当年玄奘西游路过这里的时候是否真的遭遇了"风妖"，我们不得而知。但是古代中西往来商队皆视安西为畏途，途径这里都要先祭拜日月，择吉日而行，否则便会遭遇风祸，大风之烈由此可以想见。

事实上，今天气象科学的研究已经为我们揭示了这个奥秘。安西的平均海拔相对较低，位于祁连山和马鬃山之间，成为狭管状近似于一个漏斗状的地形，东西是一望无际的戈壁。每当冷空气从西北偏东的蒙古西部入侵时，冷高压底部的偏东风沿峡谷东部涌向盆地，气流经过"狭管"，风速骤然增大，便形成了东大风；自西方路径入侵的较强冷空气翻越天山，在南疆盆地汇集后进入"漏斗"峡谷，便形成了西大风。这就是气象上所说的"狭管效应"。夏秋季节，由于沙漠基地表面热力影响，在柴达木附近形成热低压，低压北部气流同样经过"狭管"后形成东大风。根据30年整编资料计算，安西的年平均大风日数为42天，年平均风速3米/秒，最大风速达27米/秒，并且常年以偏东风为主。所以，民谚中说，安西是"一年一场风，从春刮到冬"。

把上面这些数据同甘肃的省会城市兰州相比，我们可以得到一个更加直观的认识——兰州的年平均风速为0.9米/秒，年平均大风日数仅为4.6天。因此，安西相当于每10天中就有一天出现瞬间风速超过17.2米/秒的大风，在平均的前提下，这是相当有说服力的数字。

除了自然地理的原因外，安西成为"风库"还有着深刻的社会根由。历史上，由于这里处于西域咽喉地带，是兵家必争之地，战乱和人为的乱砍滥伐使大片的天然植被遭受无情的破坏，水土流失，雪线上升，风起沙至，终使风害成为安西人民的大敌。这也许就是"风库"之说的真正缘由。

今天，安西早已绿洲葱郁，风魔敛威。大风虽然能够造成灾害，但风能又作为一种宝贵的气候资源，能够而且正在社会经济生活中发挥着不可替代的重要作用。因此，安西"风库"的称谓也就有了新的更深一层的含义。

（原载《气象知识》2003 年第 4 期）

塞上大鸟舞冰雪
——追寻黄土高原越冬的国家一级保护珍禽黑鹳

◎ 郭继瑞　白海河

　　黑鹳别名乌鹳、黑巨鸡，在山西晋北地区叫老油鹳，全长约110厘米，上体、翅、尾、胸部羽毛黑色，胸下部白色，嘴和脚红色。成鸟体态高大优美，羽毛艳丽鲜明，给人一种高雅端庄、雍容华贵的感觉，人称"鸟中君子"。黑鹳是世界濒危珍禽、国家一级保护动物，珍稀程度不亚于大熊猫。黑鹳曾经是分布广、较常见的一种大型涉禽，但近几十年来在世界范围内其种群数量骤减，在瑞典、丹麦、比利时、荷兰、芬兰等国已绝迹，德国、法国、朝鲜半岛也已难见踪影。据科学考察报告，黑鹳作为候鸟在我国东北、山西、河北、新疆及甘肃等北方地区生长繁殖，在长江流域及其以南地区越冬，目前种群数量仅存2000只左右，而且还在不断减少。

　　黑鹳对越冬的生活环境要求很高，过去世界上只有在西班牙为留鸟。然而，我们欣喜得知，近年来这个世界濒危珍禽在山西省灵丘黑鹳自然保护区的种群数量逐步扩大，2007年发现最大的种群数量达到32只，数量之多世界上十分罕见。保护区人员观察证实，黑鹳不但在当地繁殖，而且在当地越冬，它们已经成为留鸟。究竟是何种神奇力量，让黑鹳改变了与生俱来的生活习性，不再惧怕严

寒，甘愿"留守"塞外高原？而且2007年冬天，我国天气普遍寒冷，南方遭受了百年一遇的雨雪、冰冻灾害，留居在塞北高原越冬的黑鹳，它们生活得怎么样？2008年2月28日，我们带着这些问题匆匆赶往保护区进行实地了解。

这里有世界上最大的黑鹳种群

春节过后的塞北高原，仍然沉静在冬眠之中。从太原驱车北上，过雁门、穿金沙、抵大同、越恒山，一路上，座座山峰披雪篷，条条河流挂冰川，到处是一派冰天雪地的塞上风光。

然而，在这重峦叠嶂、丘陵起伏、沟壑纵横的晋北高原上，却镶嵌着一颗"绿色珍珠"——灵丘。灵丘地名以春秋战国时期赵武灵王墓得名，北有恒山横阻寒流侵袭，东有巍巍太行山挡风，南居高耸的五台山北麓脚下。这里"九分山水一分田"，群山环抱稻花香。这里天晴气爽，高山俊秀，沟谷幽静，温泉处处，涧水涓涓，全部由灵山秀水凝聚而成，堪称塞北高原"小江南"。这里山多、水多、沟多、树多，山大沟深、溪流纵横、水草丰茂、野生动植物繁多。这里是"山、老、边、穷"地区，又是战争年代的革命根据地，抗日战争时期著名的平型关战役就发生在这里，原生态环境保存比较完好。灵丘黑鹳自然保护区远离闹市、人群，自然生态优美、环境清静、山势耸立、小溪潺潺、山清水秀、风光独特，与黑鹳生性机警爱静、喜湿地溪水和树木草地的特性相一致，和谐宁静的原生态环境正是黑鹳筑巢繁衍栖息的理想之处。

听说我们是来了解黑鹳越冬情况的，保护区管理人员热情接待，并详细介绍了他们在保护黑鹳方面所开展的工作。从 2002 年起，灵丘县政府将所辖的 7 个乡镇划为自然保护区，并采取多种措施，改善黑鹳的自然生存环境。为了了解掌握黑鹳生活习性，他们设了 4 个黑鹳观察点，并聘请热心群众为黑鹳协管员。2007 年 11 月 2 日，工作人员在保护区内观察到一个有 16 只鹳鸟的大型种群，12 月 3 日，发现该种群由 16 只渐增到 32 只。据保护区工作人员介绍，像这么大的种群数量在全世界也是罕见的。居住在鹳窝山崖下的李守云老汉说，近几十年来还没有见过这么多的老油鹳。

南山岩崖有一个老鹳窝

在距县城 15 千米的南山峭壁斗崖上，有一个黑鹳冬天群居窝。2008 年 2 月 29 日下午 6 时 30 分，我们在保护区人员的带领下，目睹了这里越冬的黑鹳归巢情景。当太阳的余晖渐渐淡去的时候，觅食一天的鹳鸟从不同距离和方向，越过苍山峻岭，一只只振翅向它们晚上

栖息的山头飞来，在高空中盘旋几次，逐渐降低着高度，瞄准山崖上的洞口，一个俯冲准确地落在了洞口旁。它们归巢时有的三五成群，有的成双结伴，有的孤雁单飞，在它们栖息的山头上飞来绕去，变换着不同的飞翔姿势，那壮观的景象让人目不暇接，心情非常激动。回来了，它们回来了！一只，两只，三只……今天飞入这个窝洞的共17只。工作人员介绍说，黑鹳是一夫一妻制，有冬天群聚、夏天分窝的习性。眼下已到分窝筑巢的季节，配对的成鸟最近晚上已经不在这个窝里过夜了。

在鹳窝的山崖脚下，居住着一户人家，祖孙三代一共6口人。李守云老汉是保护区聘请的协管员，已近古稀之年了，他个子不高，身体十分硬朗，声音洪亮，谈吐不凡。他家有200多只山羊，20多亩山地。老汉每天早起晚归，几乎和鹳鸟的作息时间一样，迎着晨曦出巢，踏着余晖回家，天天赶着羊群到后山里放牧。前天晚上，我国北方去冬今春的第一场大范围沙尘暴天气，袭击了整个灵丘县。3月1日，天空灰蒙蒙一片。为了赶时间，我们也顾不得天气好坏，匆匆吃过早饭，背上行囊踏上了追寻鹳鸟的行程。本想今天能够亲眼看看这个"鸟中君子"悠然漫步于溪流之中觅食的优美体态，然而天公不作美，保护区工作人员带领我们去了几个平常鹳鸟出没的地方，结果连一只也没看到，无奈中只好于下午4时30分怏怏收兵回营。返程中路过昨天观鸟归巢之地，不由得调转脚步向李老汉家走去，想再找老汉聊聊有关鹳鸟的情况。刚到他家门口，见老汉赶着羊群从后山回来，正当我们嘀咕着老汉也许是因为天气不好才提前回家时，他的儿子指着天空说，"看，老油鹳它们回来了！"啊！多么和谐完美的人鸟共处天堂！鹳窝、农家，炊烟袅袅的小院，暮归的羊群，小羊"咩咩"呼唤着母亲，归巢的大鸟盘旋飞舞在山崖上空，狗声，羊声，牛声，人声，顿时寂静的大山里一片欢闹，使落日余晖下的深山里瞬间充满了生机。他们天亮同起，不期而归，人鸟为邻，长年相伴，共同享受着大自然赐予的恩惠！

黑鹳度过了一个寒冬

根据灵丘县气象局提供的资料，2006年冬季（2006年12月至2007年2月）季平均气温 –5.1℃，比累年季平均气温偏高2.5℃。2007年冬季季平均气温 –7.3℃，和累年季平均气温持平。从最寒冷的1月平均气温来看，2007年1月为 –7.8℃，2008年1月为 –9.8℃；与累年1月平均气温 –9.5℃比较，2006年寒冬偏高1.7℃，2007年寒冬偏低0.3℃。由此表明"留守"在这里的黑鹳，度过了近30年来寒冷的一个冬天。

在我们逗留的日子里，发现保护区内死水滩还未解冻，远处山头上覆盖着冰雪，但河川平地里冰雪并不多见。3月2日上午，我们一行5人来到保护区内的北水芦村，在村南的一片封冻的鱼塘边，突然惊起4只在小河里觅食的黑鹳，在村东一片稻田旁的河流里，也看到6只绿头野鸭腾空飞起。这说明这里的隆冬季节尽管黑鹳的食物不是很丰富，但也还可以勉强觅食为生。

引起鸟类迁徙的原因很复杂，一般认为，这是鸟类的一种本能，这种本能不仅有遗传和生理方面的因素，也是对外界生活条件长期适应的结果，尤其与气候、食物等生活条件的变化有着密切关系。据保护区工作人员初步研究，近年来黑鹳在灵丘保护区变为留鸟，主要是由环境、气候两大因素造成的：一是由于保护区内自然环境有所改观，植被、湿地有所恢复，区内各河沿岸温泉处处，大部分河段不封冻，水内有可供鹳鸟觅食的小鱼、小虾和水草，为黑鹳越冬提供了食源，加之保护区地

广人稀、山大沟深、地域僻静、人为干扰较少，有的鹳鸟故土难离，尤其是一些老幼鹳鸟不想跋山涉水，远离故乡；二是全球气候变暖，使当地气温、尤其是冬季气温逐年升高，加之当地特殊的地理环境形成的小气候，为鹳鸟提供了一个比较暖和的生存环境。

灵丘独特的环境使黑鹳不守信

在这茫茫的大山深处，神奇的沃土，养育了一群特殊的精灵。灵丘黑鹳自然保护区属温带半干旱大陆性季风气候，四季分明，秋季短暂凉爽，冬季漫长少雪，年平均气温7.4℃，无霜期170天，降水量432毫米。保护区内群山连绵，有大小山峰500多座，1500米以上的山峰50多座，最高的太白维山海拔2234米。植被覆盖率近60%，既有热带、亚热带植物分布，又有高寒植物生长。唐河、上宅河、冉庄河、赵北河、独峪河等5条河流穿越保护区，流域中各河都有清泉补给，河流沿岸孕育了良好的湿地。黑鹳以浅水中、水滩里的小鱼、小虫和水草为食。保护区内有3个万亩自流灌区，池池鱼塘、块块稻田、汪汪荷花，独特的小气候环境为黑鹳提供了比较好的生存条件。像独峪乡的三楼、花塔等地域，地处深山峡谷之中，温泉河流多，海拔仅550米。

寒冬里，流淌的溪流把冰天雪地划开一道弯曲的河沟，在清水微波里到处可见嫩绿的青苔，偶尔还有几条小鱼游过。冬天的早晨，清泉溪流在太阳的照射下，升起一团团、一簇簇轻纱薄雾，鹳鸟在白雾升腾的小河里觅食散步，鲜红的长腿、长嘴、羽毛在阳光的映衬下闪射出紫铜色光泽，构成了一幅美丽无比的自然景观。

据当地老人们说，在20世纪40—50年代，这里冬天的雨雪比现在大得多，大部分河流会结冰，冬天也比现在寒冷得多。灵丘县气象局提供的资料显示，1970年以前累年平均气温为6.9℃，1971年以后累年平均气温为7.4℃，累年平均气温升高了0.5℃；2006年平均气温为8.7℃，比累年平均气温偏高1.3℃；2007年平均气温为8.9℃，比累年平均气温偏高1.5℃。气象专家分析表明，灵丘县冬季平均气温和冬季平均最低气温，都呈现逐渐升高的趋势，近年来的冬季平均气温比20世纪50年代上升了1.1℃，冬季平均最低气温竟上升了2.0℃。受全球气候变暖的影响，塞外高原的冬天不再像从前那样"渊冰厚三尺、素雪覆千里"，以致水鸟无从觅食。今天灵丘自然保护区的黑鹳，已经可以在自己的老家安然过冬，从此不必为了"糊口"而远涉千里，到遥远的南方去找食避冬了。值得一提的是，尽管2006年/2007年冬季偏冷，但是黑鹳依然留守不南下了。

保护百姓心中的吉祥鸟

据当地百姓介绍，历史上这里南山区一带就是黑鹳繁衍栖息的地方。当地的许多地名以黑鹳命名，有老鹳坟、老鹳林，在老坟盘的大树上就巢居着黑鹳。20世纪50—60年代，在一些山崖上、山沟中，黑鹳成群结队。在大河小溪旁一只只鹳鸟悠闲信步，细长的红腿立于浅水中，摆动着长长的脖子，昂扬着扁小的头，嘴长近尺、赤红尖巧，不时曲项伸入清波中夹起小鱼、小虾、小虫和青草的白嫩芽儿，向天扬起，吞入肚中。如今这里六七十岁的老人，一提起这种大鸟，他们都能够给你讲上几段有关老油鹳的故事。

灵丘北依我国五岳之恒山，山势巍峨雄伟，奇峰耸立，号称"人天北柱、绝塞名山"，是佛、道、儒昌盛之处，堪与"南秀"相媲美。在

灵丘县城东南 15 千米的南山里有座觉山寺，始建于北魏太和七年（公元 483 年）。传说恒山的一位和尚为修庙宇化缘来到群山怀抱中的觉山寺，看到寺附近悬崖峭壁上黑鹳在用一根根树枝筑巢，一时灵感启发，回到恒山后设计修建了悬空寺。悬空寺面对恒山，背倚翠屏，上载危岩，下临深谷，楼阁悬空，全部木质结构，利用力学原理半插飞梁为基，巧借岩石暗托梁柱，廊栏相连，曲折出奇，虚实相生，是我国古代园林建筑艺术的瑰宝。

自然保护区负责人介绍，当地百姓均认为这种大鸟是吉祥鸟，不去伤害它。加之现在对黑鹳作为国家一级保护动物的宣传教育，人们对黑鹳等野生动物保护的自觉性进一步增强，遇到黑鹳活动觅食都会尽量躲避它们，而不去侵扰。黑鹳在灵丘由候鸟变留鸟，而且种群数量仍在罕见地增加，这和当地不断改善的生态环境有很大关系。近年来，灵丘当地政府和保护区管理局一直致力于周边环境的改善，仅 2007 年 8 月，就勒令 17 家对周边山体、河流、森林、灌丛、草坡造成严重影响的厂矿迁出。黑鹳定居灵丘，从一个侧面展示出我国在保护地球家园方面为全人类作出的努力，同时也反映出全球气候变暖，已经引起地球上许多物种生活习性的改变。

然而，随着当地人民生活的改善提高，社会经济的发展，人与自然的矛盾越来越突出。在我们采访的日子里，看到在保护区内许多山坡上的植被已有多处被破坏，盖起了厂房，竖起了烟囱，而且许多河流里生活垃圾随处可见。灵丘县作为大同通往河北和外界的南大门，大同到涞源的公路就经过黑鹳聚居栖息地，这条公路上一天到晚喇叭声声、车水马龙，载着煤炭、矿石的大小车辆川流不息地从黑鹳保护核心区通过，保护区内黑鹳目前的生存状况十分令人担忧。

黑鹳作为世界濒危珍禽，保护问题不仅仅是一个人、一个单位、一个县、一个省、一个国家的事情，应该引起国家有关部门和各级政府以及全国、全社会甚至全世界的重视，对灵丘黑鹳保护区加大资金投入，真正建立优良的野生鹳鸟繁殖基地，使这一珍贵鸟类得以生存繁衍，使黑鹳像我国国宝大熊猫一样得到社会的重视和保护，为全球人类文明作出我们应有的贡献。

（原载《气象知识》2008 年第 3 期）

神奇的中国蛇岛

◎李光亮

在著名旅游城市大连市旅顺西北角渤海湾的万顷碧波中，兀立着一座古老的孤岛。在这个面积不到 1 平方千米的小岛上，却盘踞着数以万计的剧毒蝮蛇——这就是举世闻名的中国蛇岛。大概就因为这个原因，才吸引了众多中外科学家们，纷纷上岛考察，想揭开那里的秘密。

我先后 3 次到蛇岛考察、拍摄，在那里看到了候鸟迁徙、蝮蛇吞鸟的场面；也看到了鹰蛇相斗、猫蛇相斗、鼠蛇相斗惊心动魄的场景，同时，还听到了关于蛇岛的传说和发生在蛇岛上许多奇妙的故事。

世界之最

据资料记载，全世界目前仅剩 4 个蛇岛：一是太平洋以北的"沙漠岛"，全岛黄沙滚滚无人烟，遍地是毒蛇和矮小的常绿植物；二是巴西南部大西洋中的蛇岛；三是原苏联与阿富汗接壤的阿姆河"先知岛"，在这座人工蛇岛上有大量剧毒的眼镜蛇、蝰蛇等；而中国大连旅顺的蛇岛则是世界上最为罕见的海岛生态系统，岛上全是单一种类的剧毒蝮蛇，它们会爬树，以鸟为食源，自古以来生生不息。

蛇岛传说

关于蛇岛，当地附近的老百姓有着许多美丽的传说，为蛇岛增添了更为神秘的色彩。

相传唐朝年间，唐王李世民率领千军万马东征，来到旅顺老铁山下，欲渡海南下。怎奈眼下汪洋一片，连一艘船影儿也没有。唐王派兵百余里，就是找不到船。粮食已断，南下无船，难坏了唐王。正在这时，海面上拥来无数鱼鳖虾蟹，它们一个个头连头、尾连尾，搭起一座桥。唐王下令三军踏桥过海。唐王过海之后正欲南行，鱼鳖虾蟹却来领功邀赏。唐王见一只大泥鳅横在海边，就说："西边小岛有水有草，你上那儿修行吧！"

大泥鳅听罢，一头钻进海里，飞速游去，一上岛就变成了一条大蟒蛇。从此，它占岛为王，生儿育女，修炼成仙。以后，人们就把此岛称

为蛇岛，又叫蟒岛、小龙山岛。

古时有一位美丽的姑娘得了麻风病，卧床不起，无奈中捧起酒坛，以酒当水喝了几大口，想麻醉自身，以求速死。谁知酒一下肚，顿生奇效，自觉身体轻松。几日后病愈体安，镜前一照，依然花容月貌。众人细看，见酒坛里泡有一条蛇。原来那蛇在房梁上爬行，跌入酒坛里淹死了。从此，人们知道蛇毒"以毒攻毒"能治麻风病，并一直流传至今。

美丽神奇的蛇岛，从它独特的山石怪礁形成了一个个美丽而动人的传说：有白蛇娘娘为救许仙寻找到的"灵芝石"；有蛇仙巡山栖息的"卧仙石"；有为镇守蛇岛安宁的"龙头石"；有蛇遥望大陆的"望海石"；还有海神柱、龙宫洞、一线天、三卷书、思归、水帘洞、龙盘石、鳄鱼探海……

蛇岛（真正）由来

据地质工作者考察，蛇岛原是辽东半岛的一部分，10亿年前，这里是汪洋一片。在距今6亿年前，山东半岛和部分辽东半岛已上升为陆地，后来逐渐连在一起，这就是地质学家所说的"胶辽古陆"。从白垩纪第三纪，距今1.3亿年至二三百万年之间，又先后发生了燕山、喜马拉雅山造山运动，使渤海地区下陷，最后形成渤海，而辽东半岛和山东半岛从此被海水隔开。

蛇岛受强烈的造山运动影响，在距今1000多万年至700万年间从大陆断裂分离而成，所以至今仍留有明显褶皱和断裂的痕迹。

考察中发现，在蛇岛断离大陆之前，辽东半岛一带已有蛇类生存。脱离大陆之后，岛上的生物突然面对海水的包围，逐渐发生了物种的变化。面对适者生存的残酷自然选择，蝮蛇靠着自身生理的优势，在生存竞争中取得岛上霸主的地位，繁衍生息，终于把这个孤岛变成了世界闻名的毒蛇王国——蛇岛。

故土难离

世上万物，适者生存。可以想象，当初的蛇岛不会像如今这样仅有蝮蛇这个单一种类的蛇。千万年来，由于蛇岛独有的自然、气候、生态条件，在"物竞天择，适者生存"的法则下，蝮蛇通过漫长的岁月衍化，于别的蛇类被相继淘汰之中，脱颖而出，形成了一整套自我发展的生存规律，成为有别于其他陆地蝮蛇的独有的蛇岛蝮蛇。

在陆地上蛇很少会爬树，而蛇岛蝮蛇却是爬树的高手。在神经系统指挥下，它的肋肌进行有节奏的收缩，肋骨就前后移动，通过皮肤引起腹部上百个腹鳞与地面或树面产生反作用力，推动蛇体前进。而更重要的是，蛇岛蝮蛇以鸟为食，生存本能驱使它在衍化过程中逐步练就了爬树的本领。

蝮蛇捕捉鸟类的动作既快又准。这是因为蝮蛇的颊窝对温度十分敏感，被称为"热测位器"，又称蛇的"红外器"。在伸手不见五指的黑夜里，它也能轻而易举地捕捉到猎物。

蛇岛附近海域有若干小岛，唯有蛇岛树木参天、花草繁茂，呈原始状态，这里是候鸟南来北往的必经之地。春秋之际，大量候鸟经长途飞行，到此岛上作短暂休息。而蛇岛大量的昆虫又吸引候鸟在此落脚，补充食物。因此，候鸟就成为蝮蛇赖以生存的食物。

有人曾经多次捕获大量蛇岛蝮蛇，运到距蛇岛不远的猪岛放养，但却没有成活。还有人把蛇岛蝮蛇带到陆地放养，也均遭失败。所以，蛇

岛蝮蛇只能居住在它的故土，就连离它最近的海猫岛也没有一条蝮蛇。

守株待鸟

　　蛇岛蝮蛇的性格有别于陆地毒蛇。它温顺好静，善于忍耐。为了捕鸟，它攀到树枝上，从早到晚静静地等候鸟的到来。为了使鸟落在树枝上，它能像死蛇一样，保持绝对静止。不论是烈日当空、风吹雨打，还是树梢摇动，它都纹丝不动，人称"守株待鸟"。日复一日，守在一处，一旦鸟雀飞来，迅速袭击，几乎百发百中。

　　我每次上蛇岛都发现，在树上等候捕鸟的蝮蛇，蛇体弯曲呈压缩弹簧状，头颈稍向前伸，腹部紧贴树枝，尾部自然下垂或稍有缠绕。还有一些在地面草丛里候鸟的蛇，蛇体蜷曲一两圈，头部靠体内侧并稍伸出等待目标的出现。无论这些蝮蛇以哪种"守"法待鸟，它们的头部都微微抬起对着天空，静静地、耐心地、保持一触即发的姿态等待着。

有人曾做过试验：把"守"鸟的蝮蛇捉拿到很远的地方放开，不久，那蛇又回到先前"守"鸟的位置，且分毫不差。当蛇岛蝮蛇咬住鸟后，能感觉到鸟的羽毛顺毛还是逆毛，经过必要的调整后，将鸟顺毛吞食。在吞食时，它还会把鸟的额嘴折向后方，使鸟的尖喙不会戳伤口腔和食道。蝮蛇吞一只鸟通常在 11～15 分钟之间。吃上两只鸟，蝮蛇可以活几个月，甚至只要坚持饮水，就可以活下去。蝮蛇不仅冬眠，夏天也要休眠。待到秋风凉了，各类鸟类迁徙时，蝮蛇又开始猎食了。

鸟的世界

蛇岛观察站的同志向笔者介绍了蛇岛春秋两季，这里的鸟儿为什么这么多，它们是来自哪里？又飞向哪里？

鸟儿大体上分留鸟和候鸟两类，留鸟不受季节影响，常年居住一地；候鸟则随季节迁徙，哪里温暖便飞到哪里去。秋天，当北方变冷时，候鸟便成群结队地飞向南方；春天，当北方变暖时，它们又从南方飞回北方。这些从南方飞来的候鸟有去西伯利亚的大雁、白枕鹤，有去大小兴安岭的黄雀，还有去蒙古大草原的百灵子等等。它们的迁徙路线有两条，一条从云南或更远的南方飞越长江黄河，经过长城山海关，飞到北大荒，乃至西伯利亚；一条从福建、安徽经过山东越过渤海湾，然后飞向黑龙江大小兴安岭。它们或群飞，或独飞，都按几百万年固定不变的飞行路线，一年两次地南飞北往。经过辽东半岛的候鸟为什么要在蛇岛一带停脚呢？因为这里草木繁茂，水源充足，有小鸟吃不完的昆虫、草籽、果实；还因为这里距山东半岛最近，飞过渤海之后必须在这里歇脚不可。于是蛇岛便成了最重要的"鸟站"。

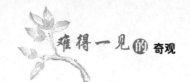

听了观察站的同志的介绍，真是大开眼界。这次到蛇岛来，不仅看到了候鸟迁徙的宏伟场面，还听到了候鸟这么多的趣闻，收获真是不小！

此时，放眼眺望，蛇岛早挤满了鸟群，它们有的排着方阵，有的随便凑成一群，盘旋着，然后呼啦啦地落将下来。于是，树枝上站的是鸟，树缝间蹿的是鸟，草地上跑的是鸟，花丛里藏的是鸟；黑的鹳鸟，白的琵鹭，红的赤麻鸭，蓝的翡翠鸟，灰的鹣鸰……五颜六色，简直像天女散花一般。那"啾啾、唧唧、喳喳、咕咕"的万鸟齐鸣声，更是撼人心弦，让人分不出哪是主旋，哪是和弦，只感到这声音的力劲，仿佛要把蛇岛吵翻似的。

鸟儿们似乎并不知道这块乐土竟是死亡通道，尽管鸟儿传递信号系统比较发达，具有判断方向、预测天气、辨别物象的功能，但对于专以它们为进攻目标的毒蛇，却没有辨别能力了。它们随便落下，毫无顾忌，根本想不到在每根树枝上，每堆草丛中，会潜伏着伪装得巧之又巧的毒蛇，而且正张开无形的"网"，等待鸟儿们的飞来。这正是蝮蛇的黄金季节，蛇儿们再不用像夏天那样，苦苦焦等，甚至几天十几天不见一只小鸟飞来，现在它们倒担心自己的胃口是否承受得了……的确，候鸟们为了保留这条通道，付出多么高昂的代价。

忽然，"噗"的一声，只见一条蛇如离弦之箭狠狠咬住一只小鸟一起落到地上，小鸟抽搐几下便不会动弹了。猛然间在山坡的另一处，一只苍鹰从空中直冲下来，用尖嘴衔起一条横卧在石板上的蛇展开生死之战。忽然发现蝮蛇转过头来一口咬在苍鹰前伸的腿上，鹰拼命啄住蛇的头颈。可能由于蛇毒已注入这只苍鹰体内，它渐渐显得无力相争，只见鹰与蛇一起从数百米高的空中摔落下来，海面激起了一片浪花。大自然在这里不时地进行生与死的搏杀，生态环境在这里按自己的规律演绎和变化。

 相安无事

蛇岛蝮蛇个体比陆地蝮蛇大，成年蛇个体约在 60～80 厘米，幼年蛇个体在 35 厘米以下，介于两者之间的蛇为亚成体蛇。虽然蛇岛蝮蛇个体大，剧毒，捕鸟又迅速准确，但它与人类却能相安无事。

据介绍，蛇岛蝮蛇捕猎对象是鸟不是人，因此，只要人不去伤害它，袭击它，它是不会主动向人攻击的。

但是，人在蛇岛上，无论是故意还是无意，或脚下踩痛了蛇或用手去抓蛇，都会激怒蝮蛇，它会毫不犹豫地向人反击，使人中毒。所以在深入蛇岛时，都要穿上防护衣靴，以备不测。

1980 年，经国务院批准蛇岛为国家重点自然保护区后，蛇岛进入半封闭状态，乱捕滥杀蝮蛇的现象绝迹了。蛇岛自然保护区在蛇岛建筑了房屋，派驻守岛执法人员，还为上岛参观、考察人员开辟了小面积的安全区域。最近，又增添了海上快艇。良好的管理，使蛇岛蝮蛇处于保护之中，同时，也使蛇伤人的事不再发生。现在旅顺口区气象局在蛇岛安装了自动气象站，为生态环境和旅游服务。

蛇岛气候

蛇岛是伸入大海中的陆领孤岛，由于特殊的地理位置，形成了独特的气候。蛇岛年平均气温为 11.0℃，1 月平均气温为 –3.0℃，7 月平均气温为 24.0℃，全年极端最高气温为 32.0℃，极端最低气温为 –18.0℃，全年平均降水量为 610 毫米左右，蒸发量为 1500 毫米，全年平均相对湿

度为71%，日照百分率为60%，年平均风速为4.2米/秒，属于暖温带湿润季风气候区。岛上温度适宜，光照充沛，无霜期长，雨量适中，这些气候环境条件，都为植物生长和动物活动提供了良好条件。

蛇岛的植被十分繁茂，各种植物共有40余科、100余种。只不过在季风和海沙的作用下，许多树木长得比较矮小，形成了大片灌木丛。夏无酷暑、冬少严寒的气候环境，还是大量昆虫生息繁衍的好地方。

蛇岛四面环海，有时风和日丽，晴空万里；有时微风习习，凉爽宜人；有时狂风暴雨，电闪雷鸣；有时波涛汹涌，白浪滔天，胜似海啸；有时大雾弥漫，云雾缭绕，恰似仙境。

未解之谜

蛇岛是个谜，大大小小的谜语中，有的已被现代科学手段解开了谜底，但仍有不少更深的谜底未被解开。

蛇岛蝮蛇有其自身的保护色和形态，它可以按景物的颜色变化而变化。缠在树上的蛇，以带斑点的灰褐色和弯弯曲曲的体形伪装在干枯的树枝上，三角形的尖头微微翘起一动不动，如果事先不是有所了解，还会以为是树木枯枝呢；盘踞在岩石上的蛇体色近乎于岩石色，并随着岩石形状伪装成岩石块或岩石缝；蜷曲在草丛中的蛇，蜷伏成盘状，恰似一堆牛粪或干草，人们只有经过仔细观察才能发现它。

据专家研究，蛇类身上的色素变化，是由于"化学魔术师"酶的催化化学反应产生的作用，导致蛇的体色变化。

1980年5月10日，蛇岛考察队在岛上发现三起大型兽粪，均为灰白色，混杂极少数羽毛、枯草，甚至鸟嘴。根据蛇岛仅有鸟类、褐家鼠和蝮蛇这三种动物的现状分析，科学家们认为，岛上可能有比较大的蝮蛇。但这蛇有多大还是一个未知数。

1970 年 9 月 13 日晚上 9 时左右，蛇岛考察队工作人员发现在海拔 90 米的第二沟处，迸发出像电焊火光一样的弧光，离地面约有 2 米高，弧光灿烂耀眼，无声无息，持续了 5 分钟；9 月 20 日晚 10 时左右，距考察队不远的山坡上，发现一个像人一样高的黑糊糊的"怪影"，沿着山坡慢行，一直到海边消失，目击者吓出一身冷汗。

蛇岛这个半原始状态的孤岛，究竟还有多少谜？人类还要用多长时间解开这些谜？或许这就是中国蛇岛的神奇之处。

（原载《气象知识》2008 年第 3 期）

元阳山区的立体气候景观

◎李 鑫 杨 琳

　　元江又称红河，是云南省五大水系之一。两岸山高陡峭，高差悬殊，有海拔 3000 米的金平五台山和 2939.6 米的元阳东观音山，而河口的海拔仅 76.4 米，相对高差 2900 多米。这里有北热带、南亚热带、中亚热带、北亚热带、南温带和中温带等六种气候类型。立体气候显著，人们称它为"一山有四季、十里不同天"。当金平的五台山上还堆满着皑皑白雪时，元江岸边的谷地却已经是鸟语花香、满目春色了。笔者 1975 和 1976 年冬季曾对元江岸边、哀牢山区作过考察，领略了从河谷到高山丰富多彩的立体气候风光和云海奇景，现从河谷到高山逐层汇集成文，以飨读者。

热果飘香，农耕忙

　　河谷里的元阳南沙，是"长夏无冬，秋去春来"的天然温室，最冷月平均气温在 15℃ 以上，全年无霜，属北热带气候类型。冬季到处鲜花开放，也是热带果树——芒果、荔枝的盛花时期；香蕉、菠萝和木瓜四季挂果，全年上市；辣椒、茄子、番茄、四季豆等冬早蔬菜也果实累累。芒果花、荔枝花招来了群群蜜蜂，它们正繁忙地采集花粉。傣家农户男人正在犁田、耙田和播插早稻秧苗；妇女们也正在收摘香蕉、菠萝、木瓜和冬早蔬菜送交市场。这里的确是一派春耕繁忙景象。

凝结高度，植被茂密

从河谷里乘车往上爬到海拔 1200 米左右，虽然还是南亚热带气候类型，但也只是南亚热带的北缘，双季稻已不适宜种植了。这里恰好是凝结高度范围，河谷里的暖空气沿山坡上升到这里，因温度随海拔高度升高而下降，常凝结成云雾。由于湿度增大，气候湿润，植被较河谷好，且多为常绿阔叶林，所以这里植被比山谷中显得更加翠绿。

云海深处，雾茫茫

再继续往上爬，汽车进入雾层里，能见度只有几十米。汽车开着黄灯，减速行驶，还不时鸣着喇叭，到了海拔 1540 米的元阳县城时，已是云海深处。这里多年平均雾日为 180 天，冬季的雾日最多，持续的时间也最长，有时云遮雾障，连月不开，"云雾山城——元阳"就由此而得名。一阵轻风吹来，雨点嗒嗒地滴下来，好似下雨！抬头一看，才发现雨不是从天上降下来的，而是树枝、树叶和电线上积蓄增多的雾水被风吹落下来的。雾飘湿的路面，成天湿漉漉的。再往地面上看，凡是有树木的地方，其树冠之下更是一片潮湿，有些洼处还积着水，泥泞的道路更难行走。元阳街上的行人就是撑着雨伞也遮不住雾雨，衣服照样慢慢地飘湿了，甚至连头发、眉毛、胡须上也沾满了白花花的水珠，有时还顺着头发往下流。

"云雾山中出好茶"，元阳县有名的"云雾茶"就出产在这一带地区。

观云海，遇"宝光"

再往上爬到元阳罐头厂（距县城仅 4 千米，海拔 1800 米），这里恰好是云顶，阳光灿烂，太阳晒得热乎乎的，生活在云雾深处看不到阳光的人，到了这里更是感到阳光的温暖、可贵。这天日平均气温是8.0℃，比县城高出 3.6℃，平均每上升 100 米气温上升 1.4℃，出现明显的逆温现象。从这里向下俯瞰，整个元阳县城淹没在一片茫茫无际的云海之中，妙在非海而又似海。只见那一座座山峰若隐若现，在阳光的反照下，云霞绚烂，千姿百态，波浪壮阔。背着太阳站在山顶上，偶尔也可以看到对面弥漫着的云雾中会出现一个人影或头像，四周环绕着五彩缤纷的光环，这就是"宝光"，因常见于四川峨眉山而俗称"峨眉宝光"。

北国风光，观雪墙

再往上爬到海拔 2050 米的元阳采山坪，当时是 1975 年的冬季，虽然这里是低纬高原，却是一片"北国风光"的景象，当时测得最低气温零下 8℃，雪深 21 厘米。这里下雪和北方内地有些不同，往往是雪和冻雨或者是雪和雾（过冷却雾滴）结合起来的，所以这里的电线和物体上积冰严重。测得电线积冰一般 8 号线有 2 厘米粗，1 厘米粗的输电线有 4 厘米粗，最长的冰柱有 2 米长，电线被压得弯弯曲曲的，有的电线被压断了，线路工人在那里敲打。笔者还到海拔 2310 米的迎风坡后山考察，这里雪更深，小灌木丛或茅草蓬则完全冻结成似一堵雪墙，很像一朵将要变成积雨云的浓积云。有趣的是，一根 1 厘米粗的细棍在它的迎风面冻结成 10～15 厘米宽的冰块，很像一把"冰刀"或者"冰斧"，美极了。突然听到山里传来的啪啪响声，有些心惊肉跳，仔细观察，却是树枝被冰凌压断的响声，那些木质松脆的冬瓜树枝都被压断了，只剩下一个树桩。

层层苔藓，似海绵

再往上就到海拔 2939.6 米的元阳东观音山顶了。这里山高，大气稀薄，地面向太空辐射散失的热量急剧增加，因此高山上的气温很低。用回归方程推算得年平均气温 8℃，最冷月平均气温仅 3℃，年较差小，多年平均降水量可达 3000 毫米以上。冬季多霜雪和冰凌，这里是"长冬无夏"，属中温带气候类型，气候寒冷潮湿。据调查，这里属苔藓林区，山上的植被多为原始的灌木和竹子，地面上长着厚厚的苔藓，踩上去似海绵，灌木的树干上也裹着厚厚的苔藓和树花，仅露出几片叶子。

（原载《气象知识》1990 年第 5 期）

风沙造型地貌奇观

◎ 陈昌毓

贺兰山—乌鞘岭—日月山—布尔汗布达山—昆仑山一线以西和以北的广大土地，为我国西北内陆区。这个地区深居亚洲大陆腹地，远离海洋，受山岭层层阻挡，海洋暖湿气流很难到达，其气候具有干旱少雨、太阳辐射强、日照时间长、冷热剧变和风多风大等特点。这种气候使西北内陆区的盆地和平原变为干旱荒漠，形成大面积的沙漠戈壁和一些奇特的风沙造型地貌景观。

形态多样的沙丘地貌

携带大量沙粒运动的气流，被称为"风沙流"，一般构成风沙流的最低风速为 5 米/秒。携带着大量沙粒的风沙流，在运动中遇到障碍物（草丛、土岗、洼地等）风力就会减弱，于是空中的沙粒便在障碍物附近沉积下来，形成沙堆。当沙堆积累到一定高度时，沙粒就会顺着风向从沙堆背风面上滑塌下来，形成洼而陡峭的"背风坡"。沙堆的迎风面受风的吹袭，沙粒会不停地沿着迎风面向前搬运，于是形成坡度缓的"迎风坡"。这样，就会形成一个从顶部看去宛若新月一般的沙丘。沙丘的移动，主要是在风力作用下沙粒从迎风坡吹扬而在背风坡堆积的结果。沙丘在风力驱动下移动的过程中，又不停地进行着沙粒堆积，使沙丘由小到大，由少到多，由分散到集中，久而久之，便形成了一望无垠的、表面都为沙丘所覆盖的沙漠。

西北内陆干旱区沙漠的沙丘高度，高大者可达 100～300 米，一般都在 10～25 米，低矮的则在 5 米以下。一堆堆黄沙堆积成高低不等的沙丘，连绵起伏，随风逐流，宛若风掠海面，掀起沙浪滔滔。沙漠像海洋一般广阔，也犹如海洋一样的形态，难怪人们把沙漠称作"瀚海"。

详细观察西北内陆干旱区沙漠上高低不等的沙丘，不难发现它们有着复杂的形态：有的像垄岗，有的呈鱼鳞状，有的像金字塔，更多的呈新月形。它们有单个独存的，也有列队成行的，还有重叠地挤在一起的，形态真是千姿百态。沙漠上无论沙丘的类型如何复杂，形态如何多变，都是风作为主要营力吹制而成的。

西北内陆干旱区分布最广的地貌是沙丘地貌。南疆的且末、于田一带分布着许多金字塔形沙丘，沿和田河走廊穿越塔克拉玛干沙漠，可以看到高达 200 米左右、最高达到 300 米的复合式金字塔形沙丘，以及像一座座长城的沙垅；巴丹吉林沙漠是我国沙丘最高大的沙漠，这里巨大的金字塔形沙丘和复合式沙丘，高度大多在 300 米左右，最高的达到 500 米左右；在腾格里沙漠中广泛分布着格子状沙丘，还有一些羽毛状沙丘和蜂窝状沙丘；而新月形沙丘和沙丘链，在各个沙漠中则比比皆是。

奇形怪状的雅丹地貌

在新疆克拉玛依东北的乌尔禾地区、哈密—吐鲁番一线以南至罗布泊附近、瓜州（安西）—敦煌盆地一线和柴达木盆地西北部，有许多雅丹地貌，其中以敦煌玉门关外和乌尔禾地区的雅丹地貌规模较大、最

有名气。"雅丹"是个维吾尔语名词，其原意是指气候干燥多风地区"具有陡壁的小丘"，后来泛指沙漠戈壁中顺盛行风向分布着一系列平行并且相间的风蚀垄脊、土柱和风蚀沟槽、洼地的地貌组合。采用"雅丹"命名这种独特的地貌，是19世纪末瑞典探险家斯文·赫定在对罗布泊附近及其以东地区的风蚀地貌进行详细考察后提出来的。

在敦煌玉门关以西约80千米广阔的黑色戈壁滩上，有一处赭黄色的雅丹地貌群落，东西长约25千米，南北宽1～8千米，面积约100平方千米。它地处库姆塔格沙漠以北，西面是罗布泊。玉门关外这片雅丹地貌，沟槽和洼地两边形态迥异的垄脊、土柱和土丘，相对高度一般在200～300米之间，最高的达到500米左右。远观其形态风貌，酷似中世纪欧洲荒废了的古城堡群，沟槽和洼地好似"街道"和"广场"，垄脊和土柱活像"城墙"、鳞次栉比的"楼群"、"塔林"、"亭台楼阁"和各种"雕塑"等，形象生动，惟妙惟肖，令世人瞠目。这片雅丹地貌位于戈壁沙漠大风区，每当夜幕降临之后，尖厉的漠风发出像传说中魔鬼的狂嗥，令人心惊胆战，毛骨悚然，人们也因此把这片雅丹地貌称为"魔鬼城"。20世纪初，著名探险家斯坦因在从新疆赴敦煌途中经过玉门关外"魔鬼城"时，被这里奇异的景象惊呆了，他在考察笔记中写道：这样的奇景在考察经历中真是见所未见。近些年来，我国地理学家对玉门关外"魔鬼城"进行了详细考察后，一致认为，其个体和群

体之大，形态之奇特，在世界上是独一无二的自然景观。现在，玉门关外"魔鬼城"已被列为甘肃省重点地质地理生态保护区。

乌尔禾地区的沙漠戈壁里，有一座方圆数十千米的"城堡"，与玉门关外"魔鬼城"相似，"城池"内也是"街巷"纵横，"楼阁"毗邻，"高塔"峥嵘，奇石嶙峋，还有许多光怪陆离的"雕塑"和"珍禽异兽"，神态自若，栩栩如生。

人们置身玉门关和乌尔禾的雅丹地貌群落中，宛如走进一个庞大的世界建筑艺术博物馆，又像走进了一个雕塑艺术公园或一个迷人的童话世界，让人移步换景，目不暇接，为大自然的鬼斧神工惊叹不已。

在古地质时期，玉门关雅丹地貌区属于罗布海的海湾，乌尔禾雅丹地貌区曾是一个巨大的湖泊。随着时光的流逝，地壳不断发生构造运动，致使这两个雅丹地貌区附近的青藏高原和山脉不断隆起，海湾底部和湖泊底部随之不断抬升，气候也随之变得干燥起来，最终使海湾和湖泊干涸而成为十分荒凉的戈壁台地。在干燥气候条件下，随之而来的便是那猖獗的狂风，而台地又正处于大风区，加上大陆气候特有的暴雨，把台地冲刷得支离破碎，更加剧了风蚀作用。裸露的台地由于不同部位的质地有别，抗狂风的能力就各不相同，坚硬处在狂风中傲然挺立，脆弱处被狂风吹蚀殆尽，于是便形成了光怪陆离的雅丹地貌群落。

西北内陆干旱区奇特的风沙造型地貌景观，其外观虽然令人有苍凉之感，但它们却蕴藏着丰富的地质地理科学奥秘，具有大漠独特的天然艺术风采，其本身也是一种自然资源，一种特殊的美，只要很好地保护和利用，就能产生很高的旅游经济附加值。所以，苍凉的风沙造型地貌景观也是人们探险、旅游、览胜很珍贵的资源和好去处。开发这些独特的旅游资源，是西北内陆干旱区国土资源的特殊利用，是带动这里经济发展的重要举措。

在这里需要特别指出的是，西北内陆干旱区的生态环境特别脆弱，

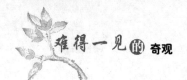

一旦遭到破坏即难以恢复。因此，对这里旅游景区的开发要注意合理和适度。具体来说，对景区游客环境容量要从严估算，对景区生态环境的保护要从高要求；应尽可能对景区采取线状和点状开发，避免面状开发；有些景区要实行"轮封轮放"的开发形式，给景区自然环境以休养自存的机会，以保证生态环境遭到破坏的景区能及时得以改善和恢复。

（原载《气象知识》2010 年第 3 期）